ZUCKERRÜBENBAU

VON

E. C. SEDLMAYR

Hofrat, o. ö. Professor der landwirtschaftlichen Betriebslehre
an der Hochschule für Bodenkultur in Wien

Mit 38 Abbildungen im Text

WIEN
VERLAG VON JULIUS SPRINGER
1928

ISBN-13: 978-3-7091-5668-1   e-ISBN-13: 978-3-7091-5719-0
DOI: 10.1007/978-3-7091-5719-0

Vorwort

Die Bedeutung des Zuckerrübenbaues überragt gewaltig das von der Zuckerrübe in Anspruch genommene Ausmaß an Bodenfläche. Diese Erscheinung ist darauf zurückzuführen, daß dem Zuckerrübenbau auf dem Gebiete der Feldwirtschaft eine ganz hervorragende Rolle zufällt. Wo der Zuckerrübenbau eine Pflegestätte findet, wirkt er bahnbrechend bezüglich der gründlicheren Bearbeitung des Bodens, der rationelleren Düngung, der sorgfältigeren Pflege der Saat, der weitgehenden Vertilgung des Unkrautes. Er zwingt den Landwirt zur Intensivierung und Rationalisierung seines Betriebes. So waren die Landwirtschaftsbetriebe mit Zuckerrübenbau stets sehr beachtenswerte Kristallisationspunkte für die zeitgemäße Ausgestaltung und Weiterentwicklung der Feldwirtschaft und muß ihnen in dieser Hinsicht auch heute noch die führende Rolle zuerkannt werden. Jeder Fortschritt auf dem Gebiete des Zuckerrübenbaues verdient daher die vollste Beachtung a l l e r ackerbautreibenden Landwirte.

Dieser Gedankengang führte dazu, einen Vortrag über „Z u c k e r r ü b e n b a u“ in das Programm der diesjährigen „Unterrichtskurse für praktische Landwirte“ an der Hochschule für Bodenkultur in Wien aufzunehmen. Dem Verfasser ist die Aufgabe zugefallen, diesen Vortrag zu halten und über die wichtigsten Fragen und Fortschritte auf dem Gebiete des Zuckerrübenbaues zu berichten. Seine Ausführungen haben nicht nur eine lebhafte Diskussion der aufgerollten Fragen, sondern bei zahlreichen Kursteilnehmern auch den Wunsch ausgelöst, eine eingehendere, doch nicht zu umfangreiche Darstellung aller mit dem Zuckerrübenbau verknüpften Fragen an die Hand zu bekommen. Diesem Wunsch ist der Gedanke entsprungen, den erweiterten und ausgebauten Vortrag in der vorliegenden Form zu veröffentlichen.

Gestützt auf eine vierzigjährige praktische Tätigkeit in zahlreichen Zuckerrübe bauenden Großbetrieben, versucht der Verfasser in der vorliegenden kleinen Schrift, dem praktischen Landwirt einen möglichst klaren Überblick über die wichtigsten mit dem Zuckerrübenbau verbundenen Fragen zu vermitteln. Er verfolgt gleichzeitig den Zweck, das Interesse für diese Fragen in einem möglichst großen Kreis von Landwirten zu wecken und dem Landwirt, der Zuckerrübe baut, Anregung zu bieten für ein vertieftes Studium der auf diesem Gebiete neu aufgetauchten, so zahlreichen Probleme.

Eine erschöpfende und lückenlose Darstellung des Stoffes wurde nicht angestrebt. Wer diese sucht, greife vor allem zu dem großen und vorzüglichen „Handbuch des Zuckerrübenbaues" von Th. Roemer, in welchem auch die so umfangreiche Literatur über die Zuckerrübe in übersichtlicher Anordnung zu finden ist.

Wir leben in ernsten, schweren Zeiten. Die Produktionsbedingungen haben sich zum Teil ganz wesentlich verschoben. Manche alterprobte und viel bewährte Rezepte und Schablonen versagen. Nur das sorgfältigste Studium und die vorurteilslose Überprüfung aller Fortschritte auf dem so weiten Gebiete der Landwirtschaft können uns die Wege weisen, die im eigenen Betrieb zum Erfolg führen. Es gilt dies für alle Betriebszweige der Landwirtschaft, vor allem aber für den Zuckerrübenbau. Die Zuckerrübe ist doch der empfindlichste Prüfstein für die Zweckmäßigkeit so zahlreicher technischer und wirtschaftlicher Maßnahmen auf dem Gebiete der Feldwirtschaft.

Wien, Sommer 1928.

E. C. Sedlmayr

Inhaltsverzeichnis

I. Der Zuckerrübenbau als Betriebszweig

Über die volkswirtschaftliche Bedeutung des Zuckerrübenbaues ist in den letzten Jahren so viel geschrieben und gesprochen worden, daß wir in der vorliegenden kleinen Schrift davon absehen können, diese Frage eingehend zu erörtern. Die hervorragende Bedeutung dieses landwirtschaftlichen Betriebszweiges für die Handelsbilanz, für die Schaffung von Arbeitsgelegenheit, für die Fortentwicklung und Steigerung der landwirtschaftlichen Produktion, ist nicht zu bestreiten. Auch die den Staaten aus der Besteuerung des Zuckers zufließende Einnahme darf nicht übersehen werden, falls man den Zuckerrübenbau vom volkswirtschaftlichen Standpunkt betrachtet. Diese Bedeutung des Zuckerrübenbaues ist auch allgemein anerkannt. Sie tritt in dem Bestreben aller Länder in Erscheinung, das dahin geht, selbst da den Zuckerrübenbau zu fördern und aufrecht zu erhalten, wo bereits eine Überproduktion an Zucker besteht und den Zuckerrübenbau einzuführen und auszudehnen, wo der Eigenbedarf an Zucker durch die Inlandsproduktion noch nicht gedeckt wird. Ein klassisches Beispiel hiefür bietet England. Daß England keine Kosten scheut, um unter Aufwendung ganz enorm hoher Subventionen eine ansehnliche Zuckerindustrie ins Leben zu rufen, obwohl das Land seinen Verbrauchszucker wesentlich billiger aus Kuba und dem europäischen Festland beziehen könnte, mag als Beweis dafür angesehen werden, wie hoch man die volkswirtschaftliche Bedeutung des Zuckerrübenbaues daselbst einschätzt.

Der Zuckerrübenbau ist derzeit bedroht. Er ist bedroht durch die so unerwartet rasch angestiegene Rohrzuckerproduktion, bedroht durch den Mangel an Arbeitskräften und die steigenden Lohnansprüche der Landarbeiter, bedroht durch den überall scharf hervortretenden Mangel an Kapital. Dabei können wir den Zuckerrübenbau nicht entbehren. Er ist uns unentbehrlich geworden, sowohl vom volkswirtschaftlichen Standpunkt, wie auch vom privatwirtschaftlichen Standpunkt des Zuckerrübe bauenden Landwirtes.

Die Bedeutung des Zuckerrübenbaues vom privatwirtschaftlichen Standpunkt, vom Standpunkt der einzelnen Landgutswirtschaft, tritt sofort klar und deutlich hervor, sobald wir uns die Frage vorlegen, welche Feldpflanze wir mit Vorteil an Stelle der Zuckerrübe in die Fruchtfolge einschieben könnten. Diese Frage ist in der überwiegenden Zahl der Fälle außerordentlich schwer zu beantworten, da es mit seltenen Ausnahmen an geeigneten Ersatzfrüchten fehlt. Der Zuckerrübenbau bietet uns doch sehr bedeutende Vorteile. Er ermöglicht uns vor allem einen vorteilhaften Aufbau der Fruchtfolge, eine höhere Verwertung des Stalldüngers eine gründlichere Bearbeitung des Bodens, eine weitgehende Vertilgung des Unkrautes. Die Bedeutung, die dem Zuckerrübenbau in der Landgutswirtschaft indirekt durch die Steigerung der Ernteerträge der übrigen Feldpflanzen zufällt, wird auch von keiner Seite bestritten.

Unterschätzt wird vielfach die Bedeutung, die dem Z u c k e r - r ü b e n b a u a l s F u t t e r q u e l l e zuerkannt werden muß. Diese Unterschätzung ist darauf zurückzuführen, daß man bisher nicht in der Lage war, die als Nebenprodukte gewonnenen Futtermengen, die in ihrem Futterwert einer vollen Rotkleernte gleichkommen, voll auszunützen. Seitdem sich die Schnitzeltrocknung mehr und mehr einbürgerte, wodurch die Lagerungsverluste vermieden und eine rationelle Verwendung dieser Futtermassen angebahnt wurde, seitdem man erkannt hat, daß das vordem wenig geschätzte Rübenkraut, gewaschen und zerkleinert, ein sehr wertvolles und bekömmliches Futter darstellt, das in diesem Zustande ensiliert oder getrocknet auch eine zeitliche Verschiebung der Rübenblattfütterung ermöglicht, sind uns auf diesem Gebiete ganz neue Aussichten eröffnet.

Vollste Beachtung verdient d e r Z u c k e r r ü b e n b a u a l s A r b e i t s q u e l l e da, wo er dem bäuerlichen Landwirt eine bessere und volle Ausnützung seiner Arbeitskraft und der Arbeitskräfte seiner Familie ermöglicht. Auch wird in diesen kleinen Betrieben die Gespannkraft oft erst durch die Einschaltung dieses Betriebszweiges voll ausgenützt. Je schwieriger sich die Versorgung der Großbetriebe mit den nötigen Arbeitskräften gestaltet, desto bedeutsamer wird die Rolle, die dem bäuerlichen Kleinbetrieb auf dem Gebiete des Rübenbaues zufällt.

Auf die Bedeutung und die Vorteile des Zuckerrübenbaues näher einzugehen, würde zu weit führen und dürften auch die wenigen Zeilen als Beweis dafür genügen, daß der Rübenbau als Betriebszweig, sowohl vom volkswirtschaftlichen als auch vom privatwirtschaftlichen Standpunkt betrachtet, die vollste Beachtung verdient.

1. Die Organisation des Zuckerrübenbaues

D e r Z u c k e r r ü b e n b a u a l s B e t r i e b s z w e i g e i n e r l a n d g u t s w i r t s c h a f t d a r f k e i n e s f a l l s a l s e i n s e l b - s t ä n d i g e s U n t e r n e h m e n a n g e s e h e n w e r d e n. Es ist ein mehr oder weniger wichtiges Glied des gesamten Produktionsprozesses und steht mit den übrigen Zweigen der landwirtschaftlichen

Produktion im innigsten organischen Zusammenhang. Der Zuckerrübenbau gewinnt da, wo wir ihn als Betriebszweig in den Produktionsprozeß der Landgutswirtschaft einfügen, einen ganz ausschlaggebenden Einfluß auf den Feldbetrieb, auf die Zugviehhaltung und die Nutzviehhaltung, auf den Bedarf an Arbeitskräften und Kapital. Er muß den gegebenen örtlichen Verhältnissen einwandfrei angepaßt werden, wenn man ihn gewinnbringend gestalten will.

Dem Organisator fällt vor allem die nicht leicht zu lösende Aufgabe zu, die Ausdehnung des Zuckerrübenbaues den gegebenen Verhältnissen richtig anzupassen. Die Ausdehnung des Zuckerrübenbaues ist für den Erfolg dieses Betriebszweiges von ganz ausschlaggebender Bedeutung. Bauen wir zu wenig Rübe, so ist der Erfolg nur ausnahmsweise befriedigend, da dann die für den Zuckerrübenbau nötigen Investitionen nicht lohnen oder nicht genügend ausgenützt werden. Überschreiten wir das durch die lokalen Verhältnisse bedingte Optimum der Ausdehnung, so kann der Zuckerrübenbau zu schweren Verlusten führen.

Zu jenen Faktoren, die in erster Reihe einen ausschlaggebenden Einfluß auf die Ausdehnung des Zuckerrübenbaues gewinnen, zählt vor allem der Preis der Zuckerrübe ab Feld. Je günstiger dieser Preis, gemessen an den Produktionskosten, ist, desto eher kann man an einen starken Zuckerrübenbau denken. Auch die Qualität des Ackerlandes muß in erster Reihe voll berücksichtigt werden, falls man vor die verantwortungsvolle Aufgabe gestellt ist, die Ausdehnung des Zuckerrübenbaues für einen gegebenen Betrieb festzulegen. Derzeit lohnt der Zuckerrübenbau nur auf guten, rübenfähigen Böden. Abgesehen davon, daß die minderwertigen Felder wesentlich niedrigere Ernteerträge geben, erfordert die auf denselben angebaute Rübe nicht selten eine stärkere Kunstdüngung und sorgsamere Pflege. Ausschlaggebend ist bei der Bemessung der dem Rübenbau gewidmeten Fläche oft auch das Arbeitsvermögen des Landwirtes. Es ist ein grober Fehler, mehr Rübe zu bauen, als man mit den zur Verfügung stehenden Arbeitskräften einwandfrei und rechtzeitig bewältigen kann. Dieser Grundsatz gilt sowohl für die menschliche, als für die tierische und maschinelle Arbeitskraft. Dementgegen kann der Futterbedarf des Betriebes und die Möglichkeit einer günstigen Verwertung des mit dem Rübenbau gewonnenen Futters (Schnitte, Rübenkraut), für eine Ausdehnung des Zuckerrübenbaues sprechen.

Einschaltend sei bemerkt, daß man da, wo man sich aus dem einen oder anderen der angeführten Gründe dazu entschließt, nur wenig Zuckerrübe zu bauen, nicht das Gesamtackerland zum Zuckerrübenbau heranziehen soll. Es wird vielmehr in diesem Falle vorteilhafter sein, die Rübe nur auf den besten und günstigst gelegenen Feldern zu bauen. Diese Felder werden in eine Rübenrotation mit kurzem Umlauf zusammengefaßt und ihre Bearbeitung und Düngung den Bedürfnissen des Zuckerrübenbaues angepaßt. Wegen etwa zehn Prozent Zuckerrübe 1000 Morgen Land derart zu kultivieren, daß die anspruchsvolle Rübe auf jedem Felde einen ihr zusagenden Standort findet, kann nicht lohnen. Es genügt zu diesem Zweck 400 Morgen der rübenfähigsten Böden in eine Binnenrotation zusammenzufassen und davon alljährlich 100 Morgen mit Zuckerrübe zu bestellen. Die restlichen 600 Morgen werden dann in wesentlich billigerer Weise als Außenrotation bewirtschaftet. Ausnahmen (Nematodenböden usw.) bestätigen diese Regel.

Der Organisator hat auch dafür zu sorgen, daß die Z u g v i e h h a l t u n g dem Zuckerrübenbau angepaßt ist. Feststehende Schablonen lassen sich auch diesbezüglich nicht geben. Im allgemeinen verdient die g e m i s c h t e Z u g v i e h h a l t u n g den Vorzug, da dann Ochsen und Pferde jeweils zu jenen Arbeiten verwendet werden können, die ihre Verwendung am besten lohnen. Sehr oft liegen in den Zuckerrübenwirtschaften die Verhältnisse derart, daß das Schwergewicht auf die Z u g o c h s e n h a l t u n g zu legen ist. Es gilt dies insbesondere für Betriebe, die den Zugviehstand nur in den wichtigsten Arbeitsperioden vorübergehend erhöhen oder auch einen Mastbetrieb führen, der eine günstige Verwertung der ausgebrackten Zugochsen erwarten läßt. Sprechen die lokalen Verhältnisse für eine starke Z u g p f e r d e h a l t u n g, so darf nicht übersehen werden, daß das Höchstausmaß für diese Art der Bespannung mit der Zahl der Gespanne gegeben ist, die das ganze Jahr hindurch ununterbrochen lohnend beschäftigt werden können. Vom Standpunkt der Verwertung grüner und eingesäuerter Schnitzel und Rübenblätter, verdient die Zugochsenhaltung bevorzugt zu werden, wogegen da, wo sich die Trocknung der Schnitte und des Rübenkrautes bereits einbürgerten, nicht selten die Pferdehaltung größere Vorteile verspricht. Auch zahlreiche andere Faktoren sind bei der Lösung dieser Frage voll zu beachten, so zum Beispiel die Lage der Felder zum Hof, die Transportverhältnisse, die Personalfrage, die Verwendung von Maschinen zur Bodenbearbeitung, die Seuchengefahr usw. Nicht unerwähnt soll bleiben, daß die M a u l t i e r e Vorzüge aufweisen, die man bisher viel zu wenig beachtete. Sie eignen sich als Zugtiere für die Zuckerrüben bauenden Betriebe ganz vorzüglich. Es erscheint daher auch voll begründet, daß sie in Deutschland in diesen Betrieben von Jahr zu Jahr an Zahl zunehmen.

A u c h d i e N u t z v i e h h a l t u n g m u ß m i t d e m Z u c k e r r ü b e n b a u i n v o l l e m E i n k l a n g s t e h e n. Ursprünglich war es die O c h s e n m a s t, die als jener Betriebszweig der Nutzviehhaltung angesehen werden mußte, die den starken Zuckerrübenbau sinngemäß ergänzte. Sie verdient von diesem Gesichtspunkt betrachtet, in sehr vielen Zuckerrübe bauenden Betrieben, auch heute noch die vollste Beachtung. Vor allem deshalb, da sie eine leichte und rasche Anpassung an die wechselnden Mengen an Futter ermöglicht, doch auch mit Rücksicht darauf, daß sie die größten Mengen gehaltreichen und wertvollen Stallmistes anliefert.

Wo man das ganze Jahr genügend Futter zur Verfügung hat, kann auch die Milchviehhaltung zum Zwecke der Frischmilchproduktion als ein Betriebszweig angesehen werden, der mit dem Zuckerrübenbau im vollen Einklang steht. Es wird hierbei in erster Reihe die „reine Abmelkwirtschaft" oder da, wo die Spannung der Preise zwischen den anzukaufenden, frischmelkenden Kühen und den der abgemolkenen und angefleischten Ausmusterkühen eine ungünstige ist, die „Halbabmelkwirtschaft" in Betracht gezogen werden. Nicht selten kann jedoch auch in Zuckerrübe bauenden Betrieben die „Milchwirtschaft verbunden mit dem Zuchtbetrieb" die lohnendere Art der Nutzviehhaltung sein. Wir finden sie in jenen Betrieben, die den Schwierigkeiten und dem Risiko ausweichen wollen, das mit der Beschaffung frischmelkender Kühe stets verbunden ist, und die in der Lage sind, die für den Ersatz der Kühe nötige Zahl von Kalbinnen unter günstigen Bedingungen aufzuziehen. Daß sich diese beiden Produktionsrichtungen keinesfalls vereinigen lassen, bedarf keiner Begründung. Daß im Großbetrieb ein Zusammenwirken einer „Abmelkwirtschaft" (oder Halbabmelkwirtschaft) mit einer in einem zweiten Hof eingerichteten „Milchwirtschaft mit Zuchtbetrieb" sehr beachtenswerte Vorteile zeitigen kann, darf bei der Organisation einer Domäne nicht übersehen werden.

Auch ein Aufzuchtbetrieb junger Ochsen kann in Zuckerrübe bauenden Betrieben da gerechtfertigt sein, wo diese Aufzucht mit Rücksicht auf die Deckung des Eigenbedarfes an Zugochsen oder Einstellochsen Vorteile verspricht oder die örtlichen Verhältnisse für die Einschaltung dieses Betriebszweiges sprechen. So kann auf Vorwerken, auf welchen es an Aufsicht und Kontrolle fehlt, die Jungochsenhaltung zur Verwertung der selbstproduzierten Stroh- und Futtermengen, einschließlich des Rübenkrautes herangezogen und das Jungvieh als Düngermaschine zur Produktion guten Tiefstalldüngers verwendet werden. Diese kurzen Andeutungen mögen als Beweis dafür genügen, daß sich diese wichtigen Fragen der Organisation nicht grundsätzlich lösen lassen. Der Landwirt, der als Organisator der ihm gestellten Aufgabe gewachsen ist, wird sich nicht nach veralteten Schablonen und Rezepten halten, vielmehr nach sorgfältigstem Studium der gegebenen lokalen Verhältnisse, auf Grund seiner reichen praktischen Erfahrungen, jene Wege wählen, die zum

Erfolg führen. Man darf bei der Wahl des Betriebszweiges selbst der persönlichen Vorliebe des Betriebsleiters für die eine oder andere Produktionsrichtung einen Einfluß einräumen, vorausgesetzt, daß diese Vorliebe mit gründlichster Sachkenntnis verbunden ist. Diese Vorliebe darf nur kein Steckenpferd sein, denn „ein Steckenpferd frißt mehr als hundert Ackergäule!“

Diese kurzen Ausführungen lassen sich sinngemäß auf alle übrigen Betriebszweige der Landgutswirtschaft übertragen. D e r O r g a n i s a t o r h a t j e d e n d i e s e r B e t r i e b s z w e i g e a u c h s t e t s u n t e r d e m G e s i c h t s w i n k e l d e s Z u c k e r r ü b e n b a u e s z u b e t r a c h t e n. Er wird ein günstiges Wiesenverhältnis mit Freude begrüßen, da ihm die Wiese nicht allein im Wiesenheu ein wertvolles Ergänzungsfutter zur Schnittefütterung liefert, vielmehr auch eine reichlichere Versorgung der Felder mit Stallmist ermöglicht. Er wird dem Weinbau ablehnend gegenüberstehen, da dieser Betriebszweig dem Zuckerrübenbau Stallmist und Arbeitskraft entzieht.

Die allergrößte Aufmerksamkeit hat der Organisator d e r z w e c k m ä ß i g e n O r g a n i s a t i o n d e r A r b e i t zuzuwenden. Die teuere Handarbeit auf das unumgängliche Mindestausmaß zu beschränken und die Verteilung der Arbeit möglichst günstig zu gestalten, sind die Ziele, die man niemals außer acht lassen darf. Der Zuckerrübenbetrieb soll derart organisiert sein, daß zur Zeit der Rübenbearbeitung und Zuckerrübenernte keinerlei andere Handarbeit verrichtet werden braucht, bzw alle übrigen Arbeiten am Feld auf ein Minimum eingeschränkt werden. Arbeitsersparende Arbeitsmethoden, sorgfältigst durchdachte Arbeitsdispositionen, Anwendung arbeitsfördernder Leistungslöhne, gute Schulung der Arbeitskräfte, zählen zu den wichtigsten Voraussetzungen des lohnenden Zuckerrübenbaues. Diese so überaus beachtenswerten Fragen fallen jedoch in das Gebiet der landwirtschaftlichen Betriebslehre und der Landarbeitslehre. In der vorliegenden kleinen Arbeit müssen wir uns mit den kurzen gebrachten Andeutungen über die zweckmäßige Organisation der Zuckerrübenwirtschaft begnügen, die seitens der Zuckerrübe bauenden Landwirte die weitgehendste Beachtung verdient.

2. Die Rentabilität des Zuckerrübenbaues

D i e F r a g e d e r R e n t a b i l i t ä t d e s Z u c k e r r ü b e n b a u e s z ä h l t z u j e n e n z a h l r e i c h e n F r a g e n a u f d e m G e b i e t e d e r L a n d w i r t s c h a f t, d i e s i c h r e i n r e c h n e r i s c h n i c h t l ö s e n l a s s e n. Eine Antwort auf diese Frage kann uns selbst die sorgfältigst aufgebaute Kalkulation nicht geben, ja nicht einmal die zweckmäßigst eingerichtete und einwandfrei geführte doppelte landwirtschaftliche Buchführung. Diese Erscheinung ist darauf zurückzuführen, daß der Zuckerrübenbau als Betriebszweig mit zahllosen Fäden mit den übrigen Betriebszweigen der Landgutswirtschaft verknüpft ist, Wirkungen und Rückwirkungen zeitigt, die sich ziffernmäßig nicht oder doch nicht genügend scharf erfassen lassen.

Der hohe Wert der Zuckerrübe als Vorfrucht, die überaus günstigen Rückwirkungen, die die mit dem Zuckerrübenbau verbundene bessere Bodenbearbeitung und gründlichere Unkrautvertilgung zeitigen, sind Werte, die sich nicht in Ziffern ausdrücken lassen. Der Zuckerrübenbau kann in einem Falle eine bessere Ausnützung der vorhandenen Arbeitskräfte ermöglichen, in einem zweiten Falle zu einer Verteuerung der Löhne für den Gesamtbetrieb führen. Auch diese Rückwirkungen entziehen sich der rechnerischen Feststellung. Denkt man noch an die Schwierigkeiten, die der Bewertung des den Rübenbau belastenden Stallmistanteiles, der Bewertung des Rübenkrautes und der Aufteilung aller aus der Betriebsmittelgemeinschaft entspringenden Lasten entgegenstehen, so ist es begreiflich, daß uns weder die Buchführung, noch die Kalkulation ein klares Bild über die Rentabilität des Zuckerrübenbaues schaffen können.

Trotzdem sind derartige Aufstellungen ganz unentbehrlich, da sie uns trotz aller Fehlerquellen einen Überblick über die Produktionsfaktoren des Zuckerrübenbaues und ihren Einfluß auf die Rentabilität dieses Betriebszweiges ermöglichen. Und können und dürfen wir auch nicht erwarten, daß die Sonderrechnung des Rübenbaues den Reinertrag dieses Betriebszweiges genau widerspiegelt, so wird uns das Rübenbaukonto bei zweckentsprechendem Aufbau der Buchführung doch wertvolle Vergleichzahlen anliefern können, statistisch verwertbare Daten, die dem Organisator wie dem Leiter des Betriebes sehr gute Dienste leisten können.

In erster Reihe wird sich jedoch der Landwirt als Organisator stets folgende Rentabilitätsfragen stellen müssen:

1. Welche Rückwirkung zeitigt der Zuckerrübenbau auf die Gesamtrentabilität des Betriebes?

2. Bei welcher Ausdehnung des Zuckerrübenbaues ist die Gesamtrentabilität der Landgutswirtschaft die höchste?

Daneben fällt der Betriebsleitung die Lösung der folgenden Aufgabe zu:

3. Wie ist der Zuckerrübenbau durchzuführen, um die Gesamtrentabilität des Betriebes möglichst günstig zu gestalten?

Erfolgt die Fragestellung in diesem Sinne, paßt der Landwirt als Organisator und Betriebsleiter alle seine Maßnahmen auf dem Gebiete des Zuckerrübenbaues diesen Fragen und Aufgaben an, so wird er die Fehler vermeiden, die sich nur allzu leicht da einschleichen, wo man diesen Betriebszweig als eine selbständige Unternehmung innerhalb der Landgutswirtschaft betrachtet.

Leider sind jene Zeiten vorüber, zu welchen jede technische Glanzleistung gleichzeitig einen Betriebserfolg darstellte. Wir müssen zwar mehr denn je auf dem Gebiete des Zuckerrübenbaues technische Höchstleistungen anstreben, doch darf bei keiner der hiermit verbundenen Maßnahmen die Rentabilitätsfrage unbeachtet bleiben. Alle technischen Fragen des Zuckerrübenbaues, mit welchen wir uns in der vorliegenden Schrift beschäftigen, sind stets auch von diesem Gesichtspunkt zu betrachten.

II. Die Fruchtfolge im Zuckerrübenbau

Eine „freie Wirtschaft" ist in Betrieben mit stärkerem Zuckerrübenbau nur ganz ausnahmsweise am Platz. Sie kann begründet sein in mittelgroßen Betrieben mit stark wechselnder Qualität der Felder, in Pachtwirtschaften mit kurzfristiger Pachtdauer oder zur Zeit der Umstellung der Betriebseinrichtung. Eine derartige freie Wirtschaft bietet jedoch große Schwierigkeiten. Sie stellt hohe Anforderungen an die Betriebsleitung, sie erschwert die Übersicht und die Kontrolle des Betriebes und kann allzu leicht in eine Sackgasse führen.

Aus diesen und anderen Gründen muß mit seltenen Ausnahmen, auch vom Standpunkt des Zuckerrübenbaues, dem Feldbetrieb der Vorzug eingeräumt werden, der sich auf eine oder einige feststehende, den gegebenen Verhältnissen einwandfrei angepaßten Fruchtfolgen stützt. Die Fruchtfolge soll für jedes einzelne Feld des Betriebes mittels eines Fruchtfolgeplanes festgelegt sein.

Der mittelst eines einwandfrei aufgestellten Fruchtfolgeplanes geregelte Feldbetrieb gewinnt hierdurch die so wünschenswerte Stabilität. Eine derartige Fruchtfolgevorschreibung sichert den unentbehrlichen Einklang zwischen der Feldwirtschaft und den übrigen Produktionszweigen. Man kann in einem derartig organisierten Betrieb mit einer gleichmäßigeren Inanspruchnahme der menschlichen, tierischen und motorischen Arbeitskräfte rechnen, mit einem gleichmäßigeren Wirtschaftsaufwand und einem gleichmäßigeren Bargeldbedarf.

Bringt man den Feldbetrieb mittels einwandfrei gewählter und zweckentsprechend vorgeschriebener Fruchtfolgen in eine einfache und übersichtliche Form, so wird hiermit die Anordnung aller Arbeiten im Felde und die so unentbehrliche Kontrolle der Ackerwirtschaft sehr erleichtert.

Alle diese so wesentlichen Vorteile der mittelst eines Fruchtfolgeplanes geregelten Feldwirtschaft, kommen in erster Linie dem Zuckerrübenbau zugute.

Die Schwierigkeiten, die sich aus der Anpassung einer Fruchtfolge an die gegebene feststehende Feldeinteilung ergeben, werden oft stark überschätzt. Die Besorgnis, daß man mit einem feststehenden Fruchtfolgeplan die Bewirtschaftung des Ackerlandes in zu starre Formen zwängt, die Bewegungsfreiheit des Betriebsleiters zu stark unterbindet, ist vollkommen unbegründet. Sie kann nur da auftauchen, wo man weder über die Grundregeln der Fruchtfolgevorschreibung unterrichtet ist, noch die Maßnahmen kennt, die uns auch innerhalb des Fruchtfolgeplanes eine weitgehende Bewegungsfreiheit ermöglichen.

Jedenfalls verdienen alle mit der Fruchtfolge und der Aufstellung des Fruchtfolgeplanes verknüpften Fragen vom Standpunkte des Zuckerrübenbaues die vollste Beachtung[1]).

1. Die Stellung der Zuckerrübe in der Fruchtfolge

Der Aufbau der Fruchtfolge erfolgt meist nach dem Grundsatz des Fruchtwechsels, da ein Wechsel zwischen Getreide und Nichtgetreide, zwischen Halmpflanzen und Blattpflanzen doch eine Reihe von Vorteilen bietet. So ist es erklärlich, daß die Zuckerrübe so oft nach Wintergetreide gebaut wird und der Gerste als Vorfrucht dient.

Der Winterweizen ist für die Rübe eine gute, ein mit Stallmist gedüngter Winterweizen sogar eine sehr gute Vorfrucht.

Das gleiche gilt vom Winterroggen und der Wintergerste. Wo zur Rübe eine Gründüngung als Stoppelsaat gegeben werden soll, verdient die Wintergerste als Vorfrucht besondere Beachtung, da sie das Feld sehr zeitlich räumt.

Der Hafer ist keine gute Vorfrucht für die Zuckerrübe. Man vermeide die Rübe nach Hafer zu stellen, schon mit Rücksicht auf die hiermit verbundene Nematodengefahr. Sommerweizen und Braugerste sind gute Vorfrüchte, doch sind sie selten an dieser Stelle der Fruchtfolge zu finden, da man ihnen den Platz nach der Zuckerrübe einräumt.

Der Rotklee (Trifolium pratense) und die Luzerne (Medicago sativa) sind auf nicht zu trockenen Böden ausgezeichnete Vorfrüchte für die Rübe, vorausgesetzt, daß sie rechtzeitig gestürzt werden, somit für eine gründliche Bodenbearbeitung und die Verwesung der Wurzelrückstände genügend Zeit verbleibt. Da diese Kleearten mit ihrem hohen Wasserbedarf den Boden in trockenem Zustande zurücklassen, und bei mangelnder Feuchtigkeit ein genügend weitgehendes Verrotten der so großen Ernterückstände bis zur Bestellung der Rübe nicht erwartet werden kann, so ist in Trockengebieten die Einteilung der Zuckerrübe nach Rotklee und Luzerne im allgemeinen nicht zu

---

[1]) E. C. Sedlmayr: „Fruchtfolgen und die Aufstellung des Fruchtfolgeplanes." P. Parey, Berlin 1927.

empfehlen. Die Rübe liebt doch einen gesetzten, gefestigten, nicht zu lockeren Boden. Der **Weißklee** (Trifolium repens), der **Gelbklee** (Medicago lupulina) und nicht zu stark verunkrautete oder vergraste **Esparsette** (Onobrychis sativa) sind als Vorfrüchte vom gleichen Gesichtspunkt zu betrachten.

Sehr gute Vorfrüchte sind die **Pferdebohnen** (Vicia faba), die **Wicken** (Vicia sativa), die **Erbsen** (Pisum sativum) und die **Buschbohne** (Phaseolus nanus).

Auf leichteren Böden und trockenen Lagen verdient die **Kartoffel** als Vorfrucht zur Zuckerrübe vollste Beachtung. Sie hinterläßt das Feld bei sorgsamer Behandlung in unkrautfreiem garen Zustand und hat keinen großen Wasserbedarf. Auch die **Zichorie** gilt als gute Vorfrucht und wird als solche nicht selten im Kampf gegen die Nematoden eingeschaltet.

Rübe gedeiht auch nach Rübe recht gut, vorausgesetzt, daß das Feld nicht rübenmüde ist. Diese Verträglichkeit der Rübe mit sich selbst kann jedoch mit Rücksicht auf die Nematodengefahr nur selten ausgenützt werden. Ausnahmsweise kann jedoch da, wo man den Rübenbau auf nährstoffreichem, tiefgründigen Boden neu einführt, mit Vorteil Zuckerrübe nach Zuckerrübe gebaut werden. Man bringt hiedurch die zweite Rübe in gut durchgearbeiteten unkrautfreien Boden und erspart viel Arbeit.

Flachs, Hanf, Mais, auch Futtermais gelten als weniger gute Vorfrüchte, **Rübensamen, Futterrüben, Kohlarten** als schlechte Vorfrüchte.

Der Platz nach der Zuckerrübe wird vor allem der **Braugerste** eingeräumt, da sie an dieser Stelle vorzüglich gedeiht, oder auch dem **Sommerweizen.** Auf nematodenfreien Böden ist die Zuckerrübe auch eine ganz vorzügliche Vorfrucht für den **Hafer,** doch wird man ihm diese Stellung in der Fruchtfolge nur ganz ausnahmsweise einräumen, da man hiermit der Entwicklung der Nematoden Vorschub leisten würde. Auch kann man vom Hafer auch an ungünstigerer Stelle, als abtragende Frucht, noch zufriedenstellende Erträge erwarten, daher man den günstigen Platz nach der Zuckerrübe für anspruchsvollere Pflanzen reserviert. Für die Winterungen räumt die Zuckerrübe das Feld zu spät. Unter günstigen klimatischen Verhältnissen kann jedoch bei zeitlicher Ernte der Zuckerrübe das Feld nicht selten noch mit **Winterweizen** bestellt werden, vorausgesetzt, daß der Boden eine einwandfreie Bestellung der Saat ermöglicht. Wählt man eine Sorte, die eine späte Aussaat verträgt, so gedeiht der Winterweizen nach Zuckerrübe sehr gut. Für alle **Hülsenfrüchte** ist die Zuckerrübe eine ausgezeichnete Vorfrucht.

2. Fruchtfolgen im Dienste des Zuckerrübenbaues

Es ist vor allem der Norfolker vierschlägige Fruchtwechsel (1), der sich in wechselnder Gestaltung in den Zuckerrüben bauenden Betrieben rasch einbürgerte und eine sehr weitgehende Verbreitung fand.

(1)	1. **Zuckerrübe**	oder (1a)	1. **Zuckerrübe**
	2. Sommerung		2. Sommerung
	3. *Klee*		3. *Futter oder Leguminosen*
	4. Winterung		4. Winterung

Dieser kurze Umlauf bietet vom Standpunkte des Zuckerrübenbaues doch sehr wesentliche Vorteile. Wo die mit dieser Fruchtfolge gegebene Ausdehnung des Zuckerrübenbaues von 25 Prozent der Fläche nicht entspricht, kann der sechsschlägige Fruchtwechsel in seiner Hackfruchttype (2) oder Futtertype (3) oft recht gute Dienste leisten.

(2)	1. **Zuckerrübe**	oder (3)	1. **Zuckerrübe**
	2. Sommerung		2. Sommerung
	3. *Klee*		3. *Klee*
	4. Winterung		4. Winterung
	5. **Zuckerrübe**		5. *Futter oder Leguminosen*
	6. Winterung-Sommerung		6. Winterung

Dieser sechsschlägige Fruchtwechsel bietet den Vorteil, daß er den Übergang von einem schwächeren Zuckerrübenbau von nur 17 Prozent (3) zu einem starken Rübenbau bis zu 33 Prozent (2) ohne Umstellung der Fruchtfolge ermöglicht.

Ab und zu können auch die folgenden fünfschlägigen Fruchtfolgen dem Zuckerrübe bauenden Landwirt gute Dienste leisten:

(4)	1. **Zuckerrübe**	(5)	1. **Zuckerrübe**
	2. Sommerung		2. Sommerung
	3. *Klee oder Kleegras*		3. *Futter*
	4. *Klee oder Kleegras*		4. Winterung
	5. Winterung		5. Winterung oder Sommerung

Beide Fruchtfolgen räumen dem Zuckerrübenbau 20 Prozent der Fläche ein, woneben jedoch bald die Feldfutterproduktion (4), bald die Produktion von Marktfrüchten (5) stärker betont ist.

In den intensiven Zuckerrübenwirtschaften war in früheren Zeiten auch oft eine nur drei Jahre umfassende Fruchtfolge zu finden, von welcher schwer zu sagen ist, ob sie aus der Dreifelderwirtschaft, bei gleichzeitiger Umstellung der Getreideschläge, oder aus der Norfolker Fruchtfolge, durch Ausschaltung des Futterschlages, entstanden ist.

(6) 1. **Zuckerrübe**
    2. Sommerung (Gerste, Sommerweizen)
    3. Winterung (Weizen, Roggen)

Sie eignet sich keinesfalls als Hauptrotation oder doch nur ganz ausnahmsweise für Betriebe mit ausgedehntem Grasland und läßt sich ein Anbau von 33 Prozent Zuckerrübe zumeist mit der Hackfruchttype des sechsschlägigen Fruchtwechsels (2) in weitaus zweckentsprechenderer Weise erzielen.

Ab und zu, doch selten, findet man die vierschlägige Norfolker Fruchtfolge auch derart umgestellt, daß der Klee der Zuckerrübe als Vorfrucht dient oder auch der Futterschlag dem Zuckerrübenbau dienstbar gemacht wird.

(7) 1. **Zuckerrübe**   (8) 1. **Zuckerrübe**
    2. Sommerung   2. Sommerung
    3. Winterung   3. **Zuckerrübe**
    4. *Klee (Luzerne)*   4. Getreide oder *Futter*

Die erstgenannte Fruchtfolge (7) weist das gleiche Anbauverhältnis auf, wie die Norfolker Fruchtfolge und verdient nur da den Vorzug, wo der Klee, als Vorfrucht der Rübe, besondere Vorteile verspricht und Winterweizen nach Gerste gut gedeiht. Die zweite Fruchtfolge (8) ermöglicht den Anbau von 50 Prozent Zuckerrübe und kommt wohl nur vorübergehend als Binnenrotation da in Betracht, wo ein so starker Zuckerrübenbau besondere Vorteile verspricht und eine Verseuchung des Bodens mit Nematoden vorerst noch nicht zu befürchten ist.

Selten sind auch folgende sechsschlägige Fruchtfolgen in Gebrauch:

(9) 1. **Zuckerrübe**   oder   (10) 1. **Zuckerrübe**
    2. Gerste   2. Gerste
    3. *Klee*   3. Winterung
    4. **Zuckerrübe**   4. *Klee*
    5. Gerste   5. *Klee*
    6. Winterweizen   6. Winterung

Die erste dieser Fruchtfolgen (9) bietet gegenüber dem Hackfruchttypus des sechsschlägigen Fruchtwechsels (2) nur den oft recht fraglichen Vorteil, daß die Rübe dem Klee folgt. Auch die Fruchtfolge (10) wird da, wo der zweijährige Kleeschlag nicht ganz besondere Vorteile verbürgt, in zweckentsprechender Weise durch den Futtertypus des sechsschlägigen Fruchtwechsels (3) zu ersetzen sein.

Von den zahlreichen Fruchtfolgen, die dem Zuckerrübenbau dienen, sollen hier nur noch einige Rotationen beispielsweise angeführt werden:

(11) 1. **Zuckerrübe,** 2. Gerste, 3. Roggen, 4. *Futterwicke*, 5. Weizen.
(20 Prozent Zuckerrübe, 60 Prozent Getreide, 20 Prozent Futter.)

(12) 1. **Zuckerrübe,** 2. Sommerweizen, 3. Gerste, 4. Winterweizen,
5. *Futter.*
(Gleiches Anbauverhältnis, doch Zuckerrübe nach Futter.)

(13) 1. **Zuckerrübe,** 2. **Zuckerrübe,** 3. Gerste, 4. *Klee*, 5. Winterweizen.
(40 Prozent Zuckerrübe, 40 Prozent Getreide, 20 Prozent Futter.)

Es ist dies die Norfolker Fruchtfolge mit Verdoppelung des Rübenschlages.

(14) 1. **Zuckerrübe,** 2. **Zuckerrübe,** 3. Gerste, 4. *Kleegras*, 5. *Klee-gras*, 6. Winterweizen und Winterroggen.
(33 Prozent Zuckerrübe, 33 Prozent Getreide, 33 Prozent Futter.)

Diese Fruchtfolge ist aus dem fünfschlägigen Fruchtwechsel (4) durch Ausdehnung des Hackfruchtschlages auf zwei Jahre entstanden. Sie kommt wohl nur ausnahmsweise für Binnenrotationen da in Frage, wo der Zuckerrübenbau auf gutem tiefgründigen Boden neu eingeführt und hiermit der Kampf gegen das überwuchernde Unkraut aufgenommen werden soll.

(15) 1. **Zuckerrübe,** 2. Sommerung, 3. *Klee*, 4. *Klee*, 5. Winterung,
6. **Zuckerrübe,** 7. Sommerung, 8. Winterung, 9. **Zuckerrübe,**
10. Sommerung.
(30 Prozent Zuckerrübe, 50 Prozent Getreide, 20 Prozent Futter.)

Es würde zu weit führen, hier eine größere Reihe von Fruchtfolgen aufzuzählen, die in den Zuckerrübe bauenden Betrieben zu finden sind. Sie setzen sich oft nur aus den gebrachten kurzen Umläufen zusammen und sind zumeist nur unter dem Einfluß örtlicher Verhältnisse entstanden, so daß ihnen keine Bedeutung zukommt.

Im allgemeinen verdienen, auch vom Standpunkte des Zuckerrübenbaues, die kurzen Fruchtfolgeumläufe, mit nur vier, fünf oder sechs Fruchtfolgeschlägen den Vorzug. Sie sind übersichtlich und lassen sich der bestehenden Feldeinteilung am leichtesten anpassen.

Es liegt keine Schwierigkeit vor, sich auch innerhalb dieser Fruchtfolgen eine ziemlich weitgehende Bewegungsfreiheit zu wahren. So kann man zum Beispiel innerhalb der Norfolker Fruchtfolge 25 Prozent Zuckerrübe bauen, jedoch durch Einschaltung der Deputatfelder, der Kartoffeln, der Futtermaisflächen in dem Hackfruchtschlag, den Zuckerrübenbau auch auf 20 Prozent oder 15 Prozent einschränken.

Findet man unter den altbewährten, vielfach erprobten Fruchtfolgen keine, die dem angestrebten Zweck voll entspricht, so bereitet es auch keine Schwierigkeiten, eine andere, den gegebenen örtlichen und wirtschaftlichen Verhältnissen einwandfrei angepaßte Fruchtfolge neu aufzubauen, vorausgesetzt, daß man mit allen mit der Fruchtfolge und der Aufstellung des Fruchtfolgeplanes verbundenen Fragen vollkommen vertraut ist[1]).

III. Die Bodenbearbeitung zur Zuckerrübe

Eine zweckentsprechende, den gegebenen so wechselnden Verhältnissen einwandfrei angepaßte und rechtzeitig vorgenommene Bearbeitung des Bodens ist die erste und wichtigste Voraussetzung des lohnenden Zuckerrübenbaues. Die Zuckerrübe reagiert sehr energisch auf jeden Fehler der Bodenbearbeitung, lohnt jedoch eine gründliche und zweckmäßige Bearbeitung des Bodens auch besser, als die meisten der übrigen Feldfrüchte.

Die hohen Ansprüche, die die Zuckerrübe an die Bearbeitung des Bodens stellt, sind frühzeitig erkannt worden. Seither stehen diese Fragen der Bodenbearbeitung im Mittelpunkt der Diskussion, ohne eine endgültige Lösung gefunden zu haben. Es lassen sich eben keine allgemein gültigen Regeln und Schablonen für die Bearbeitung des Bodens zur Zuckerrübe aufstellen. Man kann nur die Gesichtspunkte erörtern, die bei der Lösung dieser Aufgabe nicht unbeachtet bleiben dürfen.

Auch diese Gesichtspunkte haben im Wechsel der Zeiten, mit fortschreitender Erkenntnis der sich im Boden abspielenden Vorgänge, eine nicht unwesentliche Verschiebung erlitten. Es wurde lange Zeit auf die mechanische Bearbeitung des Bodens das Schwergewicht gelegt, wogegen man nunmehr in erster Reihe danach strebt, die dem Zuckerrübenbau günstigen natürlichen Vorgänge im Boden durch die Bearbeitung desselben möglichst weitgehend zu fördern. Der Rückwirkung der Bodenbearbeitung auf die Lebewesen der Ackerkrume und auf den Wasserhaushalt des Bodens wird heute die größte Beachtung geschenkt. Daneben fällt der Bodenbearbeitung bei der Vertilgung des Unkrautes eine ganz ausschlaggebende Rolle zu. Auch müssen die Aufgaben, die wir der Bodenbearbeitung stellen, mit den billigsten Mitteln, mit geringstem Arbeitsaufwand gelöst werden, da wir uns derzeit den Luxus unnötigen Kraftaufwandes nicht leisten dürfen.

Die Bodenbearbeitung stellt somit den Landwirt der Praxis vor eine Reihe schwieriger Fragen. Er wird sie in befriedigender Weise

---

[1]) E. C. Sedlmayr: „Fruchtfolgen und die Aufstellung des Fruchtfolgeplanes" a. a. O.

nur dann lösen können, wenn er seine Böden genau studiert, die Rückwirkung jeder Pflugfurche, jedes Eggenstriches auf die Beschaffenheit des Bodens sorgfältigst beobachtet, jede schablonenhafte Anwendung der Bodenbearbeitungsgeräte vermeidet und aufbauend auf die Erkenntnisse der Theorie und die im eigenen Betrieb gesammelten reichen Erfahrungen, die Bearbeitung des Bodens in allen Einzelheiten selbst leitet. Die diesbezüglichen Verfügungen gedankenlos nach angeblich erprobten und bewährten Rezepten zu treffen oder untergeordneten Organen zu überlassen, ist ein Fehler, der sich schwer rächen kann.

Auch die folgenden Ausführungen dürfen nicht als allgemein gültige Rezepte für die Bearbeitung des Bodens zur Zuckerrübe gewertet werden. Sie sollen nur die Wege weisen, die unter bestimmten gegebenen Voraussetzungen zum Ziele führen, Anregungen bieten für das gründliche Studium aller mit der Bodenbearbeitung verknüpften Fragen.

1. Stoppelsturz

Die Bodenbearbeitung zur Zuckerrübe setzt mit dem Stürzen der Stoppeln der Vorfrucht ein. Es handelt sich hierbei zumeist um das Stürzen der Stoppeln des Wintergetreides und kommt dieser Arbeit eine sehr große Bedeutung zu.

Das rasche und seichte Schälen der Stoppeln bietet folgende Vorteile:

a) Erhaltung der Schattengare des Bodens.
b) Verhinderung der Wasserverluste des Bodens.
c) Vertilgung des Unkrautes.
d) Unterbringung der Stoppeln (Ernterückstande).

Diese Vorteile sind nur erzielbar, wenn die Arbeit raschestens nach der Ernte durchgeführt wird, ehe noch die zur Zeit des Getreideschnittes vorhandene Gare des Bodens geschwunden ist. Unterstützt durch die Getreidestoppeln, die gleich Saugapparaten das Bodenwasser der Luft zuführen, trocknen die Stoppelfelder überaus rasch ab, verlieren ihre Gare und erhärten. Dann ist diese Arbeit nicht nur verspätet, sie ist auch bedeutend erschwert und bietet nicht mehr die gleichen Vorteile.

Die Wichtigkeit und große Bedeutung des raschen Stürzens der Stoppeln kann somit nicht genügend scharf hervorgehoben werden.

Der rechtzeitig durchgeführte Stoppelsturz erleichtert vor allem diese Arbeit. Er beseitigt rasch die Bodenwasser verdunstenden Stoppeln und schafft eine lose, schüttige Erddecke, die ein weiteres Austrocknen des Bodens verhindert. Er deckt die Stoppeln, die Unkrautsamen und den Getreideausfall mit noch feuchter Erde zu, wodurch das Verwesen der Stoppeln, das erwünschte Ankeimen des Unkrautsamens und Ausfalles beschleunigt wird. Dem Boden bleibt die Gare und die hiefür nötige Bakterienflora erhalten, wodurch jedwede weitere Bearbeitung des Bodens ganz wesentlich erleichtert wird.

Versäumt man den günstigen Zeitpunkt des Stoppelsturzes, so bietet der bereits verhärtete Boden dem Schälgerät einen größeren Widerstand. Man muß tiefer pflügen, erhält scholliges Erdreich, das

Abb. 1. Stoppelsturz mit gekuppelten Schälpflügen der Fa. R. Sack, Leipzig

den austrocknenden Winden Zutritt zu dem darunter liegenden Boden gewährt, und erreicht nicht den angestrebten Zweck.

„Der Pflug soll dem Erntewagen folgen" lautete bisher die Regel. Man müßte sie verschärfen und den Pflug den Schnittern folgen lassen, da bei der Abfuhr des Getreides vom Felde, der Boden oft schon erhärtet ist.

Der Stoppelsturz kann mit m e h r s c h a r i g e n G e s p a n n - p f l ü g e n in vorzüglicher Weise geleistet werden, wobei der Drei- scharpflug meist den Vorzug verdient. Die Stoppeln mit einscharigen Pflügen zu stürzen, ist eine Verschwendung an Kraft und Zeit, die wir uns nicht leisten dürfen. Die Pflugarbeit ist möglichst seicht durchzuführen. Sie zeitigt den großen Vorteil, daß die hiermit unter- gebrachten Unkrautsamen restlos ankeimen und die mit Erde zu- gedeckten Stoppelrückstände rasch verwesen. Die für die gleiche Arbeit herangezogenen Ersatzgeräte, die Federzahnkultivatoren, Scheibeneggen, Krümmer usw. bieten nicht die gleich weitgehenden Vorteile, doch kann ihre Verwendung zum Aufreißen der Stoppeln mit Rücksicht auf die Dringlichkeit dieser Arbeit, voll gerecht- fertigt sein.

Viel und gute Arbeit leisten die S c h ä l g e r ä t e d e r D a m p f-
p f l ü g e in ihrer neuesten Konstruktion. Sie haben den Nachteil, daß
man sie erst ins Feld stellen kann, sobald dasselbe geräumt ist,
wodurch oft kostbare Zeit verloren geht und der günstigste Zeitpunkt
für den Stoppelsturz versäumt wird. Die Verwendung von M o t o r-
p f l ü g e n und T r a k t o r e n zum Stoppelsturz ist im raschen An-
steigen begriffen. Leider ist bei der geringen Arbeitsbreite eine volle
Ausnützung der Leistungsfähigkeit dieser Maschinen im Stoppelsturz
oft nicht zu erzielen. Günstiger gestalten sich die diesbezüglichen
Verhältnisse bei den kleineren und schnellfahrenden Motoren. Eine

Abb. 2. Grubberscheibenegge mit angehängten Tellerscheibenfeldern von J. Kemna, Breslau

qualitativ sehr gute Arbeit leisten im Stoppelsturz die Bodenfräsen,
obwohl sie den Boden nicht wenden, doch kommt diese Arbeit mit
diesen Maschinen im allgemeinen zu teuer zu stehen.

D i e g e s c h ä l t e n S t o p p e l n s i n d s o f o r t z u ü b e r-
e g g e n. Falls der Boden nicht schüttig ist, Schollen aufgeworfen
werden, so muß zwischen dem Pflug und der Egge eine Walze eingeschaltet werden. Man kann in diesem Falle die Egge unmittelbar
an die Walze anhängen, um diese beiden Arbeiten in einem Arbeitsgang zu erledigen. Die gestürzten und übereggten Stoppelfelder
sollen dann, ungestört, möglichst lange liegen gelassen werden. Man
hat nur dafür zu sorgen, daß das Unkraut und der Auswuchs nicht
zu hoch werden und den Wassergehalt des Bodens nicht zu sehr in
Anspruch nehmen.

2. Wintersturzfurche

Sehen wir einstweilen von der Unterbringung des Stallmistes zur
Zuckerrübe ab, so folgt dem Stoppelsturz die Tiefackerung, die
Wintersturzfurche im Herbst.

D i e t i e f e H e r b s t a c k e r u n g i s t e i n e d e r w i c h-
t i g s t e n V o r a u s s e t z u n g e n d e s l o h n e n d e n Z u c k e r-
r ü b e n b a u e s.

Man hat hierbei den Boden mittelst des Pfluges bis zu einer
Pflugtiefe von mindestens 25 Zentimeter (neun bis zehn Zoll) zu
wenden. Die Frage, ob man mit dem Pflug noch tiefer greifen und mit
dem Tiefpflügen eine allmähliche Vertiefung auf 30 bis 35 Zentimeter
(12 bis 13 Zoll) anstreben soll oder aber bei der Vertiefung der
Ackerkrume den Wühlgeräten (Untergrundhacken) den Vorzug einräumt, ist von Fall zu Fall zu entscheiden. Im allgemeinen wird man
auf allen Böden, die durch das
Heraufholen des Untergrundes
verbessert werden können, der
tiefen Pflugfurche den Vorzug
geben, wogegen man sich mit
einer Lockerung des Untergrundes begnügt, wo die oberste
Bodenschichte reich an Boden-
bakterien ist und eine vorzügliche Gare aufweist. Bei der
Lösung dieser Frage müssen
neben der Beschaffenheit des

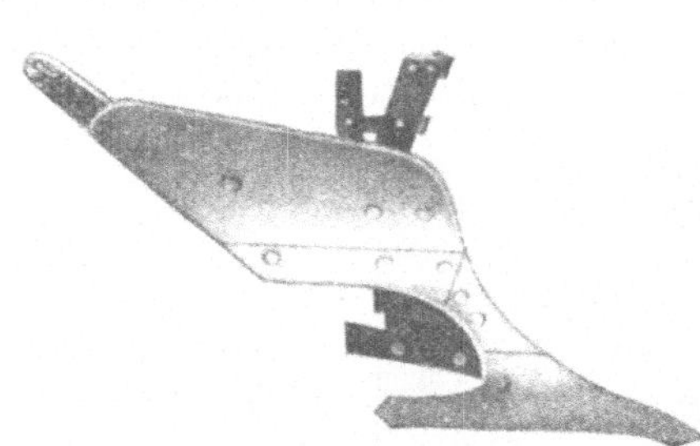

Abb. 3.   Schar des Tiefkultur-Krümelpfluges
Klausing

Bodens und des Untergrundes auch das Klima und die Niederschlags-
verhältnisse und nicht in letzter Reihe auch die Leistungsfähigkeit des
Betriebes bezüglich der Stallmistversorgung des Bodens und der
Bodenbearbeitung voll beachtet werden. Fehlt es dem Betrieb an den
nötigen Stallmistmengen oder an der Gespannkraft zur regelrechten
und rechtzeitigen Bearbeitung des Bodens, so ist jede weitergehende
Vertiefung der Ackerkrume nicht nur zwecklos, sondern von Nachteil.

Die Tiefackerung ist sehr
sorgfältig vorzunehmen. Sie wird
im Großbetrieb in zweckmäßig-
ster Weise durch den Dampfpflug geleistet. Er leistet diese
Arbeit billiger als Pferde oder
Ochsengespanne, Motorpflüge
und Traktoren und bewirkt zufolge der größeren Geschwin-
digkeit des Pfluges eine gründ-

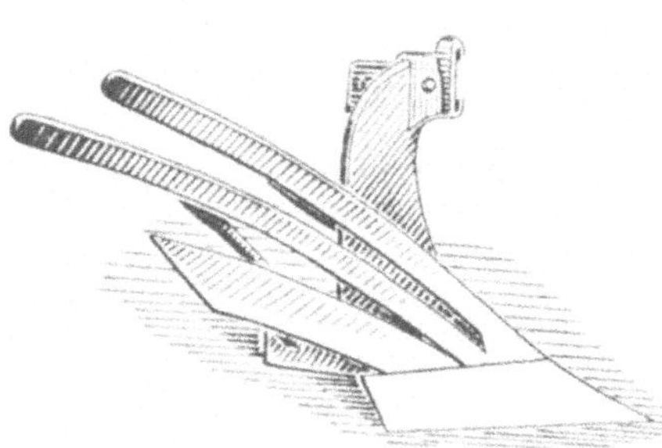

Abb. 4. Geteiltes Streichbrett von R. Sack, Leipzig

lichere Durchmischung und
Durchlüftung des Bodens. In
kleinen Betrieben läßt sich diese Winterfurche auch mittels der auf
schmale Furchen eingestellten Gespannpflüge in tadelloser Weise
durchführen.

Begnügt man sich mit einer Pflugfurche von 25 Zentimeter Tiefe,
bei gleichzeitiger Lockerung des Untergrundes auf weitere fünf bis

zehn Zentimeter, so werden beide Arbeiten zumeist in einem Arbeitsgang erledigt. Am Pflug ist zu diesem Zweck ein Untergrundhaken angebracht, auch hat man neuere, dieser Arbeit dienende Geräte und Pflugschare mit ausgespartem Streichblech, die den Untergrund zwar wenden, doch nicht heraufholen. (Abb. 3 und Abb. 4.)

Nicht selten konnte ich beobachten, daß die erste Untergrundlockerung außerordentlich günstige Ergebnisse zeitigte, wogegen späterhin die gewohnheitsgemäß fortgesetzte Unterwühlung der gepflügten Bodenschichte mit dem Untergrundhacken keinen ersichtlichen Erfolg brachte. Diese Erscheinung dürfte vielleicht darauf zurückzuführen sein, daß sich auf manchen Böden im Verlauf von Jahrzehnten, eine glatt geschliffene, feste und wasserundurchlässige Pflugsohle bildete, wobei eine einmalige Untergrundlockerung genügte, um diese Pflugsohle zu zerstören und den natürlichen Zusammenhang zwischen Ackerkrume und Untergrund wieder herzustellen.

Auf schweren, zähen oder frischen Böden, die nicht schütten und durch den Pflug in mehr oder weniger fest zusammenhängenden Balken umgelegt werden, entstehen bei der Tiefackerung an der Pflugsohle unerwünschte Hohlräume. Diese Hohlräume sind von Nachteil, da sie die Wasserversorgung aus dem Untergrund unterbinden oder zumindest erschweren. Sie können das Wachstum der jungen Rübenpflanze auch dadurch schädigen, daß sich der Boden zur ungelegensten Zeit setzt, wodurch die Ausbildung des zarten Wurzelsystems der Rübe gestört wird. Eine gründlichere Behebung dieses Übelstandes ist weder durch schweres Anwalzen des Bodens noch durch die Verwendung von Untergrundpackern erzielbar. Auf schweren Böden wird man daher die Wintersturzfurche, womöglich noch im Herbst, mit einem tiefgreifenden Wühlgerät querüber durchfahren müssen, um zur Zeit der Bestellung mit einem vollkommen gesetzten Boden rechnen zu können.

Auf manchen Böden läßt sich der eben geschilderte Übelstand dadurch vermeiden, daß man die Winterfurche möglichst frühzeitig vornimmt, so daß sich der Boden bis zum Frühjahr auch ohne Nachhilfe genügend setzen kann. Auf garem, schüttigem Boden wird man jedoch der späten Tiefackerung (Oktober, November) schon deshalb den Vorzug einräumen, um das Auffahren des Stallmistes auf das Feld noch vorher vornehmen zu können.

Die Wintersturzfurche ist mittelst einer Schleppe oder Egge halbwegs auszugleichen. Die Forderung, den Acker in „rauher Furche" über Winter liegen zu lassen, wurde aufgelassen. Sie war von Nachteil. Wird ein über Winter in rauher Furche belassenes Feld im Frühjahr eingeebnet und zur Saat hergerichtet, so dient dann die durch den Frost geschaffene Feinerde zur Ausfüllung der Furchentäler (Vertiefungen), wobei der nicht genügend durchfrorene Boden stellenweise bis an die Oberfläche heranreicht. Eine ungleiche Versorgung der obersten Schichte der Ackerkrume mit Wasser und das hierdurch verursachte ungleiche Auflaufen der Rübensaat, sind die leicht feststellbaren, recht unerwünschten Folgeerscheinungen. Es ist auch sehr fraglich, ob die staubförmige Struktur des Bodens, gezeitigt durch die Frostwirkung, von Vorteil ist und eine zu tief eingreifende Frostwirkung, nicht auch auf die Lebewesen des Bodens ungünstigen Einfluß ausübt. Jedenfalls läßt sich derzeit die folgende Regel aufstellen:

Die rauhe Furche ist aufzulassen und durch eine „halbrauhe" Furche zu ersetzen.

Das Feld vollkommen glatt zu streifen, wäre ein Fehler. Man würde hiermit der Verkrustung des Bodens Vorschub leisten. Daß man da, wo das Tiefpflügen mit Gespannen erfolgte, die Beetfurchen noch im Herbst zuziehen muß, daß man auch nicht versäumen soll, die nötigen Wasserfurchen noch vor Winter zu ziehen, ist bekannt.

3. Frühjahrsarbeit

Sobald die Felder im Frühjahr mit den Gespannen betreten werden können, sind sie auf das sorgfältigste abzuschleppen. Der zeitgemäßen und sinngemäßen Durchführung dieser Arbeit ist die größte Aufmerksamkeit und Sorgfalt zuzuwenden. Man verwendet eine breite, scharf, doch flach arbeitende Schleppe und schleppe nicht parallel, auch niemals querüber, sondern stets schräg zur Pflugfurche.

Das einwandfreie Abschleppen der Rübenfelder im Frühjahr ist eine unerläßliche Voraussetzung für jede weitere Vorbereitung des Bodens zur Bestellung der Zuckerrübe.

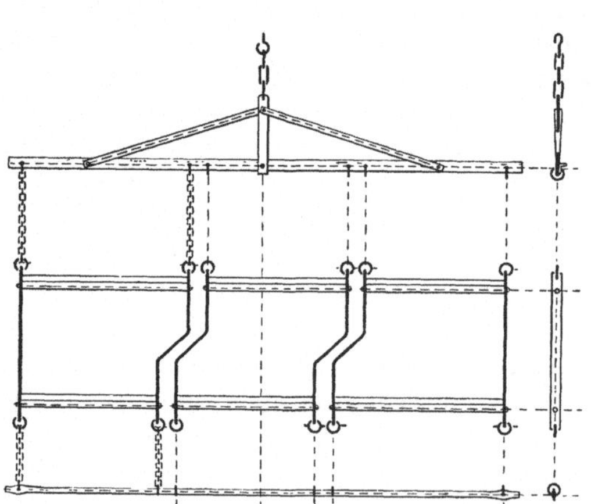

Abb 5. Ackerschleife „Kuttruf" der Fa. Walter & Kuffer, Schweinfurt

Mit der Schleppe wird der Acker eingeebnet, die Krustenbildung verhindert, der Wasserhaushalt des Bodens in günstigem Sinne beeinflußt, der Kampf gegen das Unkraut rechtzeitig aufgenommen.

Jeder Betrieb muß daher in der Lage sein, eine genügende Anzahl einwandfrei arbeitender Schleppen in das Feld stellen zu können, da diese so überaus wichtige Frühjahrsarbeit oft nur kurze Zeit mit Vorteil vorgenommen werden kann. Diese Arbeit darf auch da nicht versäumt werden, wo die Pflugfurche bereits im Winter eingeschleppt wurde.

Gut brauchbare Schleppen werden derzeit schon in den verschiedensten Ausführungen hergestellt. Man wähle eine Konstruktion, die unter den gegebenen Verhältnissen eine in jeder Hinsicht voll befriedigende Arbeit leistet. Als Beispiel bringen wir in Abbildung 5 die Schleppe „Kuttruf" der Maschinenfabrik Walter & Kuffer, Schweinfurt.

Jede Schleppe arbeitet nur da tadellos, wo die Bodenoberfläche fein und schüttig ist. Ist der Boden durch Schneedruck oder Regen mit folgenden Winden verhärtet und verkrustet, so greift die Schleppe nicht an. In diesem Falle ist mittelst einer leichteren oder schwereren

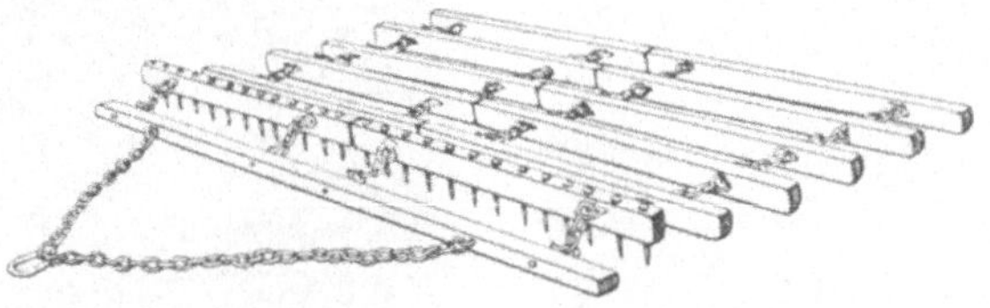

Abb. 6. Schleppe mit Eggenzinken

Egge die Kruste vorher zu zerstören und eine genügende Menge von Feinerde vor der Schleppe zu schaffen. Man kann manchmal auch beide Arbeitsgänge verbinden und zu diesem Zweck schwere Schleppen verwenden, bei welchen der vorderste Balken mit Eggenzinken versehen ist (Abb. 6). So weit dies nötig erscheint, wird bei wechselnder Arbeitsrichtung das Abschleppen ein zweites Mal wiederholt, wobei eventuell auch vor der zweiten Schleppe noch ein Eggenstrich gegeben wird. Dann bleibt das Feld bis zu der Bestellungsarbeit liegen.

Keinesfalls darf man eine Walze in das Feld stellen, ehe mit der Schleppe, mit der Egge, oder mit der Egge und Schleppe, der Acker vollkommen eingeebnet ist. Auf dem bereits festgewalzten Boden kann eine wirksame Arbeit der Schleppe doch keinesfalls erwartet werden.

Bei der Bestellungsarbeit, das heißt, der Fertigstellung des Landes zum Anbau der Rübe, sind derzeit zwei grundsätzlich verschiedene Arten der Bodenbearbeitung üblich, und zwar:

a) die „alte Methode" mit weitgehender Verwendung der Walze,

b) die „neue Methode" mit weitgehendster Ausschaltung der Walze.

Nach der alten, Jahrzehnte geübten Methode ging alles Streben und Trachten des Rübenbauers dahin, der Rübe mit allen verfügbaren

mechanischen Mitteln einen „t r o c k e n   g e f e s t i g t e n   B o d e n"
als Standort zu bieten. Die Rübe liebt einen derartigen Boden, wie uns
die Erfahrung lehrt. Mit dieser Art der Bodenbearbeitung wurde jedoch gleichzeitig noch ein zweiter Zweck angestrebt. Man wollte hiermit die Kapillarität der Ackerkrume erhöhen, um die Versorgung des
ganz seicht untergebrachten Samens mit Wasser aus den tiefergelegenen
feuchten Bodenschichten sicherzustellen und ein rasches und gleich-

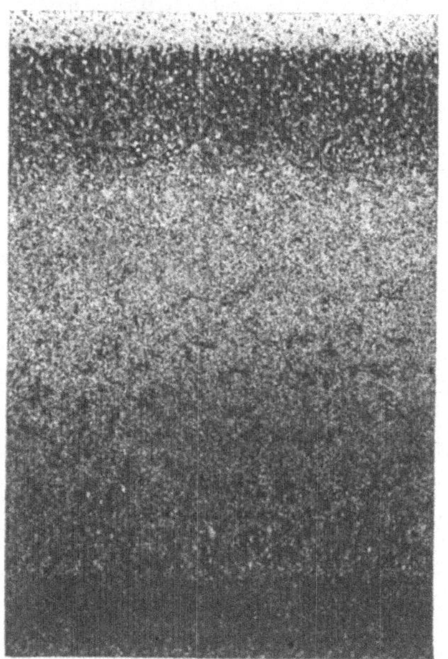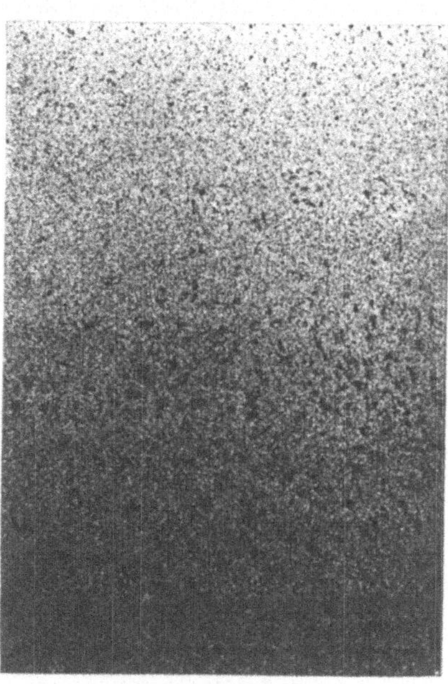

Abb. 7. Bodenprofile des zur Saat fertig hergerichteten Rübenfeldes u. zw:
a) trocken gefestigter Boden nach der alten   b) bei grundsätzlicher Ausschaltung d. Walze
Methode.   nach der neuen Methode.

mäßiges Auflaufen der Rübensaat, selbst bei trockenem Wetter, erzielen. Diese Gesichtspunkte waren bestimmend für alle Maßnahmen
der Vorbereitung des Feldes zur Saat. Mittelst Krümmer, Kultivatoren
und Exstirpatoren wurde die Ackerkrume in einen möglichst feinen
Zustand gebracht und etwa noch vorhandene Hohlräume beseitigt, der
Boden mit den schwersten Walzen gefestigt und an der Oberfläche
mittelst Eggen und Walzen eine seichte Schichte feinster Erde als
Saatbett für den Rübensamen geschaffen. Ein Beweis dafür, daß diese
Methode zum Ziel führt und den gegebenen Verhältnissen richtig
angepaßt, vorzügliche Dienste leisten kann, ist in der Tatsache zu
sehen, daß sie Jahrzehnte hindurch allgemein anerkannt war und
noch heute in Verwendung steht. War der Boden nach dieser alten
Methode saatfertig hergerichtet, so zeigt er das in Abbildung 7 a
schematisch dargestellte Bild.

In der letzten Zeit sind jedoch gegen diese Methode sehr beachtenswerte Bedenken aufgetaucht. Vor allem wird darauf hingewiesen, daß eine wirksame Festigung trockenen Bodens selbst mit den schwersten Walzen nicht erzielbar ist, eine Tatsache, die nicht geleugnet werden kann. Auch hält man das Heraufholen des Wassers aus den tieferen Bodenschichten mit Rücksicht auf den Wasserhaushalt des Bodens, für nicht erwünscht und ist der Ansicht, daß diese alte Methode mit einem zu weit gehenden Aufwand an Kosten und Kraft ein Ziel anstrebt, das auch mit billigeren und einfacheren Mitteln erreicht werden kann.

Im Sinne der neuen Methode trachtet man, den Boden schon im Herbst in möglichst garen Zustand zu bringen und durch ein sehr zeitiges gründliches Abschleppen der Felder im Frühjahr, diesen günstigen Bodenzustand zu erhalten. Ist dies gelungen und hat sich der Boden, zufolge rechtzeitiger Tiefackerung im Herbst genügend gesetzt, so kann der Acker allein mit Egge und Schleife zum Anbau fertig hergerichtet werden. Ist das Feld über Winter zu fest geworden, so wird der Boden mittelst eines Krümmers oder Kultivators aufgelockert, wobei sorgfältigst darauf zu achten ist, daß man keinen feuchten Boden an die Oberfläche bringt. Von einer Verwendung schwerer Walzen wird grundsätzlich abgesehen. Leichte Walzen werden nur ausnahmsweise als Notbehelf dann ins Feld gestellt, wenn die oberste Bodenschichte nach der Egge und Schleppe noch schollig ist und nur mittelst der Walze genügend feine Erde zur Einbettung des Saatgutes gewonnen werden kann. Der Walze hat dann stets die Egge zu folgen, wobei es zweckmäßig ist, die Walze mit der Saategge zu koppeln, so daß diese Arbeiten mit einem Arbeitsgang erledigt werden können. Ein nach dieser neuen Methode zur Saat vorbereitetes Feld zeigt, wie aus der Abbildung 7 b zu ersehen ist, ein anderes Gefüge.

Da bei dieser Methode der Bestellungarbeit, durch Ausschaltung der schweren Walze, die Versorgung der obersten Bodenschichte mit Wasser nicht sichergestellt ist, so wird der Rübensamen wesentlich tiefer, auf drei bis vier Zentimeter, in den Boden gebracht. Wir wollen diese wichtige Maßnahme später noch eingehender erörtern.

Kann diese neue Methode der Bestellung des Rübenfeldes auch nicht rückhaltslos für jeden Fall empfohlen werden, so verspricht sie doch so wesentliche Vorteile, daß man sie nicht unbeachtet lassen darf. Den zweckentsprechendsten Weg kann uns auch bei der Bestellungsarbeit nur das sorgfältigste Studium der gegebenen örtlichen Verhältnisse weisen.

IV. Die Düngung der Zuckerrübe

Neben der Bodenbearbeitung ist die Düngung ganz ausschlaggebend, für den Erfolg im Zuckerrübenbau. Beide Maßnahmen stehen im innigsten Zusammenhang. Größere Düngergaben werden nur bei gründlicher und einwandfreier Bodenbearbeitung voll ausgenützt, wogegen anderseits eine tiefere und bessere Bodenbearbeitung eine reichlichere Versorgung der vermehrten gelockerten Bodenmasse mit Nährstoffen bedingt. Dies gilt insbesondere für den Zuckerrübenbau, der sowohl an die Bodenbearbeitung, wie an die Düngung hohe Ansprüche stellt.

Eine weitere Voraussetzung für die lohnende Düngung, ist eine möglichst weitgehende Vertilgung des Unkrautes, das den Kulturpflanzen ganz wesentliche Mengen an Nährstoffen entziehen kann. Da die mit dem Rübenbau verbundene Hackkultur nicht allein das Unkraut beseitigt, vielmehr auch eine Durchlüftung des Bodens in sich schließt und den Wasserhaushalt des Bodens in günstiger Weise regelt, so kann man von der Zuckerrübe eine bessere Ausnützung der Düngung erwarten, als von den meisten sonstigen Feldpflanzen.

Nicht übersehen darf man, daß auch die Niederschlagsmengen, die Verteilung der Niederschläge und andere klimatische Verhältnisse (trockene Winde usw.) die Wirksamkeit der Düngung in ausschlaggebender Weise beeinflussen. Es ist daher erklärlich, daß sich die Intensitätsgrenze der Düngung mit dem Klima ganz wesentlich verschiebt und unter ungünstigen klimatischen Verhältnissen niedriger verläuft. So ist zum Beispiel in Trockengebieten in Jahren mit sehr geringen Niederschlägen die Erscheinung nicht selten, daß stärkere Kunstdüngergaben nicht nur wirkungslos bleiben, vielmehr sogar Erntedepressionen nach sich ziehen.

1. Stallmist und Jauche

D i e a l t e G r u n d r e g e l, w o n a c h d e r R ü b e n b a u o h n e r e i c h l i c h e V e r s o r g u n g d e s A c k e r l a n d e s m i t S t a l l m i s t n i c h t l o h n e n d i s t, i s t n o c h i n K r a f t. Sie wurde durch die Erfahrungen im Krieg und in der Nachkriegszeit voll bestätigt.

Man düngt daher die Zuckerrübe mit einer Stallmistmenge von etwa 300 Doppelzentner je Hektar (180 Doppelzentner je Katastraljoch). Wesentlich größere Stallmistgaben sind nicht anzustreben, da sie von der Rübe nicht entsprechend ausgenützt werden und die Bestellungsarbeit erschweren. Man würde hiermit den Boden in einen zu lockeren Zustand bringen, einen Zustand, den die Zuckerrübe nicht liebt und auch das Einreifen der Rüben in unerwünschter Weise verzögern, wodurch die Qualität der Zuckerrübe eine Einbuße erleiden kann. Eher kann man mit einer Stallmistgabe von nur 200 Doppelzentner je Hektar (120 Doppelzentner je Katastraljoch) das Auslangen finden, vorausgesetzt, daß man die fehlenden Nährstoffe durch entsprechende Mengen von künstlichen Düngemitteln ersetzt.

Der Stallmist soll sorgfältigst gewonnen, gut verrottet, doch nicht überreif sein. Strohigen, unverrotteten Stallmist zur Zuckerrübe unterzubringen, ist jedenfalls ein grober Fehler.

Der Stalldünger ist im Herbst, spätestens vor Winter auf das Feld zu fahren, sofort auf das sorgfältigste zu breiten und ehemöglichst unterzubringen. Es gilt heute nicht als Fehler, den Stallmist schon auf die Stoppeln zu fahren und mit denselben unterzupflügen, vorausgesetzt, daß hierdurch der Stoppelsturz nicht in unliebsamer Weise verzögert wird. Ich möchte mich dieser Ansicht auf Grund meiner Erfahrungen in der Praxis, nicht restlos anschließen. Erwünscht ist es, den Stallmist vor der Tiefackerung im Herbst auszufahren, da die Aufbringung auf das bereits tief gepflügte Feld mit einem erheblich größeren Kraftaufwand verbunden ist. Es ist auch keinesfalls vorteilhaft, das mit der Winterfurche bereits gründlich gelockerte Land, mit dem schwer beladenen Düngerfuhrwerk zu befahren.

Der Stallmist soll nicht zu tief, das heißt auf etwa 15 bis 20 Zentimeter untergebracht werden. Den Dünger mit der tiefen Winterfurche unterzubringen, ist daher nur ganz ausnahmsweise auf leichteren Böden gerechtfertigt, und vielleicht noch auf jenen schwereren Böden zulässig, die sich in sehr hoher Kultur befinden.

In einem Betrieb mit starkem Zuckerrübenbau ist es keine leichte Aufgabe, den Stallmist rechtzeitig auf das Feld und in den Boden zu bringen. Diese Arbeit ist in einer knapp bemessenen Zeit durchzuführen. Man benützt daher oft die arbeitsstille Zeit vor der Ernte, um den Stallmist aus den Höfen nach den entfernt liegenden Feldern auszufahren und ihn daselbst vorerst in Feldhaufen (Mistbergen) einzulagern. Ist dieser Vorgang, vom Standpunkte der Stallmistkonservierung, auch keinesfalls einwandfrei, so kann er doch unter dem Gesichtswinkel der Arbeitsverteilung voll gerechtfertigt sein. Man hat in diesem Falle dafür zu sorgen, daß diese Feldhaufen mit Strohhäcksel unterlegt werden, damit keine Jauche abfließt, daß der Stallmist feucht und fest gelagert und mit Erde durchschichtet, zumindest aber stark und sorgfältig mit Erde eingedeckt wird.

Der auf das Feld gebrachte Stallmist ist, es kann dies nicht oft genug betont werden, sofort und mit größter Sorgfalt zu breiten. In Betrieben, die grundsätzlich nur gehäckseltes Stroh als Einstreu verwenden, eine Maßnahme, die viele Vorteile bietet, ist diese Arbeit sehr erleichtert. Der sorgfältig verteilte Stallmist ist raschestens unterzubringen. Jede Verzögerung dieser Arbeit ist, insbesondere bei trockenem, windigem Wetter, mit wesentlichen Verlusten an Stickstoff verbunden.

Bei der Stallmistdüngung und der Beurteilung der Düngewirkung des Stallmistes darf man nicht übersehen, daß die Zusammensetzung des reifen Stalldüngers mit der Tierart, mit der Art der Fütterung und Einstreu und mit der Art der Behandlung und Aufbewahrung des Düngers, sehr wesentlichen Schwankungen unterworfen ist. So wird der Stallmist bei starker Produktionsfütterung wesentlich reicher an wertvollem Stickstoff. Bezüglich der Aufbewahrung des Stallmistes verdient der Tiefstall die weitgehendste Beachtung, da hier der Dünger unter den Tieren liegen bleibt und durch das Festtreten die beste mechanische Pflege erhält. Bringt man den Stallmist auf eine Dungstätte, so ist vorher die Sohle der Dungstätte in einer Höhe von etwa 20 Zentimeter mit einem älteren, in voller Gärung befindlichen Stallmist zu bedecken. Dem Stallmist steht dann sogleich die natürliche Kohlensäure mit ihrer stickstofferhaltenden Wirkung zur Verfügung. Der Wert des mittelst der Edelmistbereitung im sogenannten Heißgärverfahren gewonnenen Stalldüngers, bedarf noch einer eingehenden Überprüfung.

Die Wirkung des Stallmistes darf nicht allein der Düngewirkung der in ihm enthaltenen Nährstoffe zugeschrieben werden, daher man die mit der Stallmistdüngung verbundenen zahlreichen Nebenwirkungen nicht übersehen darf. Der Stallmist erzeugt Wärme im Boden, die den wachsenden Pflanzen zugute kommt. Er steigert die wasserhaltende Kraft des Bodens, löst zahlreiche bakteriologische Prozesse aus und entwickelt große Mengen an Kohlensäure.

Höchsterträge an Zuckerrübe sind nur mittelst einer als Grunddüngung gegebenen Stallmistdüngung zu erzielen, daher im Zuckerrübenbau alle mit der Produktion, Aufbewahrung und Verwendung des Stallmistes verknüpften Fragen, die weitgehendste Beachtung verdienen.

Der Jauchedüngung zur Zuckerrübe wird noch immer nicht jene Beachtung geschenkt, die sie verdient, obwohl alle diesbezüglichen Versuche den kaum anzuzweifelnden Nachweis erbrachten, daß die Zuckerrübe den Stickstoff der Jauche sehr gut verwertet. Die Unterschätzung dieses Düngemittels mag vielleicht darauf zurückzuführen sein, daß man bei der Jauchedüngung nur da mit einem Erfolg rechnen kann, wo man eine sorgsam gewonnene und daher gehaltreiche Jauche verwendet, nicht aber braun gefärbtes, gehaltloses Abfallwasser der Dungstätten, das die Bezeichnung Jauche nicht verdient. Auch muß die Jauche in zweckentsprechender Weise verwendet werden.

Auf allen besseren Böden kann die Jauche schon im Herbst zur Zuckerrübe aufgebracht werden, ohne daß man nennenswerte Stickstoffverluste durch Auswaschen befürchten müßte. Bei einer Düngung mit Jauche im Frühjahr, bringe man sie einige Wochen vor der Saat in das Feld ein. Auf leichten, sandigen Böden kommt nur eine Düngung im Frühjahr in Betracht.

Die Jauche muß sofort gründlich untergebracht werden. Auf besseren Böden genügt zu diesem Zweck eine Unterbringung auf zehn bis zwölf Zentimeter mit dem Krümmer, wogegen man durch ein Eineggen der Jauche die Stickstoffverluste nicht in zufriedenstellender Weise verhindern kann.

Will man die Jauche erst später, im Verlaufe der Vegetationsperiode der Zuckerrübe, zur Düngung der wachsenden Pflanzen verwenden, so bringt man sie mit dem Jauchedrill in die Reihen ein. Die Jauchedrills (Plath) haben sich recht gut bewährt, doch ist darauf zu achten, daß mit denselben die Jauche entsprechend tief, auf etwa 10 bis 15 Zentimeter und spätestens Ende Mai oder anfangs Juni in den Boden eingebracht wird. An eine Kopfdüngung der jungen Rübe mit Jauche zu denken, wäre jedenfalls verfehlt.

Die Jauchedüngung, zweckentsprechend und zeitgemäß durchgeführt, beschleunigt das Wachstum der jungen Pflanzen und wirkt gleichzeitig außerordentlich günstig auf die Blattentwicklung der Zuckerrübe. Sie setzt voraus, daß man der Gewinnung gehaltreicher Jauche und ihrer Aufbewahrung die größte Beachtung zuwendet. Gute Jauche soll 0·5 bis 1·0 Prozent Stickstoff enthalten, wobei der Stickstoff zu etwa 90 Prozent als kohlensaures Ammoniak in der Jauche enthalten ist.

2. Gründüngung

Die Gründüngung wird von der Zuckerrübe sehr gut ausgenützt, kann jedoch die Stallmistdüngung nicht voll ersetzen. Ihr fällt im Zuckerrübenbau da eine bedeutsamere Rolle zu, wo es dem Betrieb an genügenden Stallmistmengen fehlt. Man wird in diesem Falle neben der Gründüngung mit geringeren Stallmistmengen das Auslangen finden.

Die Gründüngung zur Zuckerrübe kann als Untersaat oder als Stoppelsaat in Betracht kommen. Gründüngungspflanzen auf zuckerrübenfähigem Boden als Hauptfrucht zu bauen, ist keinesfalls lohnend. Für eine Untersaat kommen in Betracht die Kleearten, wie zum Beispiel der Gelbklee (Medicago lupulina), der Weißklee (Trifolium repens), der Bokharaklee (Melilotus albus), der Schwedenklee (Trifolium hybridum) und Gemenge dieser Kleearten. Seltener verwendet man Senf (Brassica nigra), Raps (Brassica napus) und Rübsen (Brassica annua) als Untersaat, da sie keinen Stickstoff sammeln. Die Aussaatkosten dieser Pflanzen sind jedoch geringere und kann, da und dort, auch diese Art der Gründüngung als humusbildende Masse und Kohlensäurequelle gute Dienste leisten. Als S t o p p e l - s a a t werden Gemenge von Pferdebohnen, Felderbsen, Peluschken, Wicken, auch Lupinen nach Aberntung der Vorfrucht, möglichst rasch angebaut. Das geringste Versäumnis an Zeit gefährdet den Erfolg. Da die Zuckerrübe bauenden Betriebe in dieser Zeit mit den Arbeiten

Abb. 8. Grubberscheibenegge mit Sävorrichtung der Fa. J. Kemna, Breslau

der Ernte, Einfuhr und Stoppelsturz an und für sich stark überlastet sind, so wird man an eine Gründüngung in Form der Stoppelsaat nur da denken, wo sie einen sicheren Erfolg verspricht.

Durch eine gleichzeitige Durchführung der Bodenbearbeitung und Einsaat in einem Arbeitsgang, läßt sich da, wo Stoppelsaat in großer Ausdehnung alljährlich in Frage kommt, diese Arbeit wesentlich verbilligen und beschleunigen.

Große Vorsicht ist bei jeder Gründüngung in Trockengebieten geboten, da die Gründüngung dem Boden beträchtliche Mengen an Wasser entzieht. Es sind dann im ariden Klima, selbst nach anscheinend vorzüglich gelungenen Gründüngungen, nicht selten Erntedepressionen zu verzeichnen, eine Erscheinung, die man in Ungarn sehr oft beobachten kann. Nach den Versuchen von Schurig war der Wassergehalt des Bodens vom 15. August bis Herbst gesunken:

1. bei geschälten Stoppeln von 14·84 % auf 14·56 % (— 0·28 %)
2. bei belassenen Stoppeln „ 14·43 % „ 9·38 % (— 5·05 %)
3. bei Stoppelsaat „ 14·28 % „ 6·72 % (— 7·56 %)
4. Inkarnatklee „ 14·39 % „ 6·74 % (— 7·65 %)

Durch die Gründüngung ist somit mehr als die Hälfte des im Boden vorhandenen Wasservorrates aufgebraucht worden.

Die Gründüngung ist vor Winter seicht, das heißt auf etwa 15 Zentimeter Tiefe mit dem Pflug unterzubringen.

Ein ungünstiger Einfluß der Gründüngung auf den Zuckergehalt der Rübe ist nicht zu befürchten.

3. Mineraldüngung

Aus den unzähligen Versuchen, die bezüglich der Düngung der Zuckerrübe vorgenommen wurden, geht ganz unzweideutig hervor, daß Höchsternten mit reiner Mineraldüngung nicht erzielbar sind. Im Zuckerrübenbau ist daher die Kunstdüngung, mit seltenen Ausnahmen, nur als eine äußerst wirksame und zumeist unentbehrliche Ergänzung der Stallmistdüngung anzusehen. Es kommt hierbei die Beidüngung von Stickstoff, Phosphorsäure, Kali und Kalk in Betracht.

Die Höhe und die Zusammensetzung der Kunstdüngergabe, die zur Sicherstellung des Ernteertrages der Zuckerrübe gegeben werden muß, wechselt innerhalb sehr weiter Grenzen. Es ist hierbei mitbestimmend das Klima, die Beschaffenheit des Bodens, die Fruchtfolge, die Menge und Güte des verwendeten Stalldüngers und nicht zuletzt auch der Preis der Kunstdüngemittel, gemessen an dem Preis der Zuckerrübe und dem Wert der Nebenprodukte des Zuckerrübenbaues.

Der einwandfreien Feststellung der zweckentsprechendsten Kunstdüngergaben stellen sich in der Praxis große Schwierigkeiten entgegen. Es stand dem praktisch tätigen Landwirt, wollte er nicht rein gefühlsmäßig vorgehen, doch nur der Feldversuch zur Feststellung des Düngerbedürfnisses seiner Böden zur Verfügung. Derartige Feldversuche erfordern jedoch nicht nur einen sehr bedeutenden Aufwand an Arbeit, die größte Sorgfalt bei der Anlage und Durchführung, sie müssen auch in zahlreicher Wiederholung, in verschiedensten Variationen und stets wechselnder Verteilung, viele Jahre hindurch fortgesetzt werden, um uns einen Einblick in das Düngerbedürfnis unserer Böden zu ermöglichen. Wir haben nunmehr auf diesem Gebiete einen beachtenswerten Fortschritt zu verzeichnen, der uns nach Mitscherlich die bessere Auswertung exakter Düngungsversuche ermöglicht. Inwieweit wir der Lösung dieser wichtigen Frage, durch die nach Mitscherlich vorgenommene Aufrechnung der Düngerversuche nähergerückt sind, wird uns die Zukunft lehren.

Das Bestreben, das Düngerbedürfnis der Böden in möglichst einfacher Weise zu bestimmen, brachte uns neue, diesem Zweck dienende Methoden, und zwar das Verfahren von Mitscherlich, das mit Hilfe des Gefäßversuches ermittelt, welche aufnehmbaren Nährstoffe den Pflanzen pro Flächeneinheit zur Verfügung stehen und welche Mengen an Stickstoff, Phosphorsäure und Kali dem Boden zuzuführen sind, und das Verfahren von Neubauer, das im Wege der Keimpflanzenmethode Aufschluß über das Düngerbedürfnis der Böden an Phosphorsäure und Kali geben soll. Läßt sich gegen diese Verfahren auch manche begründete Einwendung erheben und ist von denselben eine restlos befriedigende Lösung dieser so überaus wichtigen Fragen auch kaum zu erwarten, so dürften sie uns bei der Bemessung der Düngergabe, doch oft recht wertvolle Hilfsdienste leisten. Wenn sie uns nur manchen ganz zwecklosen Düngungsversuch ersparen, eine Aufgabe, die sie gewiß lösen können, so wäre hiermit schon viel gewonnen.

Einen weiteren, sehr beachtenswerten Fortschritt brachte uns die Erkenntnis der Bedeutung der Bodenreaktion für den Zuckerrübenbau. Der Säuregrad des Bodens wird mittelst elektrometrischen oder kalorimetrischen Methoden bestimmt und findet ihren Ausdruck in den sogenannten pH-Zahlen. Böden mit über 7·4 pH sind alkalisch, Böden von 7·4 bis 6·5 pH neutral und steigt dann mit sinkender pH-Zahl die Bodenazidität, so daß ein Boden von 5·2 bis 4·6 pH als sauer, ein Boden unter 4·0 pH schon als sehr stark sauer, bezeichnet werden muß.

Die Zuckerrübe verlangt eine neutrale bis schwach alkalische Bodenreaktion und ist das Optimum des Wachstums bei einer Bodenreaktion von 7·0 bis 7·5 pH gelegen.

Durch die Wahl entsprechender physiologisch saurer oder alkalischer Düngemittel, kann die Bodenreaktion in günstigem Sinne beeinflußt werden. Sauer sind die Ammoniaksalze (schwefelsaueres Ammoniak, chlorsaueres Ammoniak) und mit einer gewissen Einschränkung die Kalisalze. Alkalisch sind der Kalksalpeter, Kalkstickstoff, Natronsalpeter, das Thomasmehl und alle Kalkdüngemittel, sowie das Superphosphat, das zwar chemisch sauer, doch physiologisch alkalisch ist.

Beachtung verdient auch der Umstand, daß unsere Böden der Veränderung des Reaktionszustandes einen wechselnden Widerstand entgegensetzen. Man wird in Zukunft auch dieses „Pufferungsvermögen" der Böden nicht unberücksichtigt lassen dürfen, bei dem Bestreben, die Bodenreaktion den Bedürfnissen der Zuckerrübe anzupassen.

Bei der Mineraldüngung ist die Zeit und Art der Verwendung der Düngemittel von ausschlaggebender Bedeutung. Diese Fragen

sollen getrennt für die einzelnen Kunstdüngemittel erörtert werden.
Ganz allgemein sei hier nur angedeutet, daß bei der Verwendung aller
Mineraldünger grundsätzlich eine möglichst weitgehende g l e i c h-
m ä ß i g e V e r t e i l u n g anzustreben ist. Mit guten Düngerstreu-
maschinen wird dieses Ziel stets leichter zu erreichen sein, als mit der
Hand. Wo die Erzielung einer gleichmäßigen Verteilung durch das
geringe Quantum des auszustreuenden Kunstdüngers erschwert wird,
sind den Kunstdüngemitteln vor dem Ausstreuen entsprechende
Mengen trockenen, feinen Sandes beizumengen.

Will man mit der Kunstdüngergabe vor allem das Wachstum der
jungen Rübenpflänzchen befördern, so darf der Dünger nicht zu tief

Abb. 9. Kombinierte Rubenanbaumaschine mit Kunstdungerstreuer der Fa. Melichar

untergebracht werden. Ein möglichst seichtes Unterbringen ist auch
bei allen wasserlöslichen Nährstoffen geboten, die durch den Boden
nicht gebunden werden. Will man mittelst der Mineraldüngung die
Zuckerrübe in ihrem späteren Wachstumstadium unterstützen, so
müssen jene Nährstoffverbindungen, die nicht an und für sich den
tieferen Bodenschichten zustreben, auch tiefer untergebracht werden.
Das Wurzelsystem der Zuckerrübe entwickelt sich in jenen Bodenschichten besonders stark, in welchen es die größte Menge leicht aufnehmbarer Nährstoffe findet. Es ist erwünscht, wenn dieses Wurzelsystem die gesamte Ackerkrume möglichst gleichmäßig durchdringt.

In manchen Ländern und Gegenden (Ungarn, Slowakei, Süd-
rußland usw.) wird mittelst k o m b i n i e r t e n D r i l l- u n d

D ü n g e r s t r e u m a s c h i n e n der Samen und kleinere Kunst-
düngerquantitäten, zwar getrennt, doch gleichzeitig in die Reihe unter-
gebracht(siehe Abb. 9). Das Verfahren ist dem Gedankengang entsprungen, der jungen Pflanze die Aufnahme der nötigen Nährstoffe
möglichst zu erleichtern, um sie raschestens über das kritische Stadium hinauszubringen. Die günstigen Berichte, die über dieses Verfahren vorliegen, dürften als Beweis dafür genügen, daß dieser Art der
Rübendüngung trotz der ihr entgegenstehenden Bedenken, nicht jede
Berechtigung abgesprochen werden darf. Sie kann Vorteile zeitigen, wo
das verwendete Kunstdüngerquantum breitwürfig gestreut nicht genügt,
um das freudige Gedeihen der jungen Rübe für alle Fälle sicherzustellen, die Verwendung stärkerer Kunstdüngergaben jedoch nicht
lohnt, da bei Eintritt wärmeren Wetters der im Boden befindliche
Stallmist und der Boden selbst den wachsenden Rüben genügende
Mengen Nährstoffe zur Verfügung stellt. Es darf jedoch nicht übersehen werden, daß eine derartige Reihendüngung durch eine zu hohe
Konzentration der Düngesalzlösung die jungen Wurzeln der Zucker-
rübe·schädigen und auch eine unerwünschte Entwicklung des Wurzelsystems der jungen Pflanze verursachen kann. Es erscheint daher auch
erklärlich, daß in jenen Gebieten, in welchen die Kultur der Zuckerrübe bereits eine hohe Stufe erreichte, diese Art der Reihendüngung
kaum zu finden ist.

Nicht unerwähnt soll an dieser Stelle das seinerzeit vielum-
strittene K a n d i e r e n d e r R ü b e n s a m e n mit Kunstdüngemitteln,
insbesondere mit Superphosphat bleiben. Diese Samendüngung, die
den Zweck verfolgte, die jungen keimenden Pflanzen mit den nötigen
Pflanzennährstoffen zu versorgen, sie zu kräftigen und zu einer
rascheren Entwicklung anzuspornen, zeitigte in der Praxis nicht den
erwarteten Erfolg. Sie ist überflüssig, da der Rübensamenknäuel die
Reservestoffe enthält, die die keimende Pflanze benötigt.

Die S t i m u l a t i o n s v e r s u c h e im Sinne P o p o f f s zeitigten
bei Rübensamen bisher auch keine positiven Ergebnisse.

a) S t i c k s t o f f

D i e Z u c k e r r ü b e b e n ö t i g t z u i h r e r E n t w i c k l u n g
r e i c h l i c h e S t i c k s t o f f m e n g e n u n d l o h n t e i n e d e n
V e r h ä l t n i s s e n r i c h t i g a n g e p a ß t e S t i c k s t o f f d ü n-
g u n g. Zu einem wesentlichen Teil wird das Stickstoffbedürfnis der
Zuckerrübe durch die Stallmistdüngung und Gründüngung gedeckt.
Der noch fehlende Stickstoff ist dem Boden bzw den Pflanzen in
Form von stickstoffhaltigem Handelsdünger (Kunstdünger) zuzuführen. Es kommen hierbei derzeit hauptsächlich folgende Stickstoffdünger in Betracht:

Natronsalpeter, und zwar Chilesalpeter mit 15·5 Prozent Stickstoff. Künstlicher Natronsalpeter mit 16 Prozent Stickstoff.

Kalksalpeter, und zwar deutscher Kalksalpeter mit 15·5 Prozent Stickstoff. Norgesalpeter mit etwa 13 Prozent Stickstoff.

Schwefelsaueres Ammoniak mit 20 bis 21 Prozent Stickstoff.

Leunasalpeter (Ammonsulfatsalpeter) mit 26 Prozent Stickstoff (davon drei Viertel als Ammoniakstickstoff und ein Viertel als Salpeterstickstoff).

Kaliammonsalpeter mit 16 Prozent Stickstoff und 25 Prozent Kali. Der Stickstoff ist in diesem Düngemittel zur Hälfte in Form von Salpeter, zur Hälfte in Form von Ammoniaksalz enthalten.

Kalkstickstoff mit 15 bis 20 Prozent Stickstoff und 55 bis 60 Prozent Kalk. Der Stickstoff ist in Form von Kalziumzyanamid enthalten.

Daneben kommen seltener in Betracht das salzsaure Ammoniak, die Volldünger der J. G. Farbenindustrie Nitrophoska I und II und einige andere stickstoffhaltige Handelsdünger.

Bei der Wahl der Stickstoffdüngemittel ist zu berücksichtigen, daß die Zuckerrübe im allgemeinen den Salpeterstickstoff am besten ausnützt. Der Wirkungswert beträgt etwa:

Salpeterstickstoff 100,

Ammoniakstickstoff 80 bis 90,

Kalkstickstoff 70 bis 80,

doch ist dieser Wirkungswert keine feststehende Größe. Er wechselt insbesondere mit dem Zeitpunkt der Düngung, mit dem Boden, mit dem Verlauf der Witterung und mit anderen Faktoren. Jedenfalls dürfte es sich empfehlen, einen beträchtlichen Teil des Stickstoffes, den Zuckerrüben in Form des sofort aufnehmbaren Salpeters zu geben. Da, wo größere Stickstoffgaben in Aussicht genommen werden, kann es zweckentsprechend sein, neben Salpeter auch Ammoniaksalze bzw. Kalkstickstoff zu verwenden. Bei der Wahl der Düngemittel darf auch ihr Preis loco Hof bzw. ab Feld nicht unberücksichtigt bleiben.

Die Bemessung der Stickstoffgabe bietet besondere Schwierigkeiten. Sie hat sich in erster Reihe nach der Versorgung der Zuckerrübe mit Stallmist oder Gründünger zu richten, ist jedoch noch von einer großen Reihe anderer Faktoren abhängig. So läßt sich keine für die Praxis brauchbare Schablone aufstellen. Um einen Anhaltspunkt zu bieten, bringen wir die für Mitteldeutschland gedachten Zahlen von Schneidewind, nach welchen man im allgemeinen mit folgender Düngung rechnen muß:

Zuckerrübe in Stalldünger oder Gründüngung: drei bis vier Doppelzentner Salpeter je Hektar.

Zuckerrübe in reiner Mineraldüngung: fünf bis sechs Doppelzentner Salpeter je Hektar, wobei ein Teil des Salpeters durch entsprechende Mengen von Ammoniaksalz oder Kalkstickstoff ersetzt werden kann.

In Gegenden, in welchen die Erträge der Zuckerrübe großen Schwankungen unterworfen sind (Trockengebiete), in Ländern mit relativ niedrigen Zuckerrübenpreisen, auf Feldern, auf welchen volle Rübenernten nicht zu erwarten sind, muß die Stickstoffgabe oft wesentlich niedriger bemessen werden, um noch lohnend zu sein.

Die Zeit der Anwendung der Stickstoffdünger ist derart zu wählen, daß der jungen Rübenpflanze genügende Mengen leicht aufnehmbaren Stickstoffes zur Verfügung stehen. Verwendet man nur Salpeterstickstoff (Natronsalpeter, Kalksalpeter), so wird ein Teil desselben unmittelbar vor der Bestellung und der Rest als Kopfdüngung zu geben sein. Leunasalpeter wird am zweckmäßigsten zur Saat gegeben. Schwefelsaueres Ammoniak soll womöglich vier Wochen vor der Bestellung, spätestens aber zur Bestellung untergebracht werden. Der Kalkstickstoff benötigt noch längere Zeit, bis er der Rübe in aufnehmbarer Form zur Verfügung steht, ist daher möglichst frühzeitig auf das Feld und gut einzubringen. Auf schwereren Böden ist es kein Fehler, wenn man den Kalkstickstoff oder auch das schwefelsauere Ammoniak schon im Herbst in den Boden bringt.

Zur Kopfdüngung der Zuckerrübe sollen im allgemeinen nur die Kunstdünger verwendet werden, die den Stickstoff als fertige Pflanzennahrung erhalten (Natronsalpeter, Kalksalpeter, Kaliammonsalpeter). Die Kopfdüngung ist stets rechtzeitig zu geben und soll die letzte Gabe anfangs Juni, keinesfalls aber nach dem 15. Juni erfolgen.

b) Phosphorsäure

Die Zuckerrübe stellt auch an die Phosphorsäuredüngung hohe Ansprüche. Insbesondere hat man dafür zu sorgen, daß der Rübe in ihrer ersten Jugend genügende Mengen leicht aufnehmbarer Phosphorsäure zur Verfügung stehen. Obwohl man mit der Stallmistdüngung dem Boden recht beträchtliche Mengen an Phosphorsäure zuführt, so wird zur Sicherung einer vollen Rübenernte doch stets auch eine kleinere oder größere Gabe phosphorsäurehältiger Handelsdünger zu geben sein.

Es kommen hierbei folgende Kunstdüngemittel in Betracht:

Superphosphat mit wechselndem Gehalt an wasserlöslicher Phosphorsäure, der bei den hochprozentigen Superphosphaten 16 bis 20 Prozent, im Durchschnitt annähernd 18 Prozent beträgt.

Ammoniaksuperphosphat, ein Mischdünger, der ein Gemisch von Superphosphat und schwefelsaurem Ammoniak darstellt.

Doppel-Superphosphat mit etwa 40 Prozent wasserlöslicher Phosphorsäure und fünf Prozent unlöslicher Phosphorsäure.

Dicalciumphosphat (Präzipitat) mit etwa 35 Prozent zitratlöslicher Phosphorsäure, die nahezu die gleiche Wirkung zeigt, wie die wasserlösliche Phosphorsäure der Superphosphate.

Thomasmehl mit einem sehr wechselnden Gehalt an Phosphorsäure, zumeist mit 12 bis 20 Prozent, im großen Durchschnitt etwa 16 Prozent zitronensäurelöslicher Phosphorsäure und nicht unerhebliche Mengen von gut wirksamen Kalk. Es eignet sich gut zur Vorratsdüngung.

Rhenaniaphosphat mit durchschnittlich etwa 27 Prozent zitratlöslicher Phosphorsäure. Daneben enthält es noch 20 bis 30 Prozent an basischem Kalk und drei bis vier Prozent Kali, beide von guter Wirkung.

Bei der Wahl der Phosphorsäuredüngemittel wird im Zuckerrübenbau im allgemeinen der wasserlöslichen Phosphorsäure der Superphosphate der Vorzug einzuräumen sein. Es gilt dies vor allem da, wo das Jugendwachstum der Rübe unterstützt werden soll. Wo es sich mehr um die Düngung des Bodens handelt, leistet die zitratlösliche Phosphorsäure des Rhenaniaphosphates die gleichen Dienste. Das Thomasmehl eignet sich als Vorratsdüngung, insbesondere auf kalkarmen, leichteren und saueren Böden. Vom Standpunkte des Zuckerrübenbaues wird man den Wirkungswert der zitronensäurelöslichen Phosphorsäure des Thomasmehles mit kaum mehr als 70 Prozent der wasserlöslichen Phosphorsäure einschätzen dürfen.

Die Bemessung der Phosphorsäuregabe zur Zuckerrübe soll nicht allzu knapp erfolgen, damit die junge Rübe keinesfalls Mangel an diesem Nährstoff leide. Durch eine entsprechende Phosphorsäuregabe soll auch die volle Ausnützung des teueren Stickstoffes für jeden Fall sichergestellt werden. Man kann zur Zuckerrübe auch deshalb reichlicher mit Phosphorsäure düngen, da man sich hiermit die Versorgung der Nachfrucht mit diesem Nährstoff erspart. Schneidewind hält im allgemeinen folgende Düngergabe für angemessen:

Zuckerrübe in Stalldünger: 30 Kilogramm Phosphorsäure je Hektar, das heißt annähernd zwei Doppelzentner Superphosphat.

Zuckerrübe in reiner Mineraldüngung oder Gründüngung: 60 Kilogramm Phosphorsäure je Hektar, das heißt drei bis vier Doppelzentner Superphosphat.

Wo der Phosphorsäuregehalt nach Neubauer oder Mitscherlich festgestellt wurde, gewinnt man mit diesen Analysen wertvolle Anhaltspunkte für die Höhe der Phosphorsäuregabe. (Nach R o e m e r brauchen Böden, die mehr als acht Milligramm P_2O_5 nach N e u - b a u e r besitzen, neben Stallmist gewiß keine weitere Phosphorsäure- düngung.)

Die Phosphorsäuredüngung zur Zuckerrübe wird bei Verwen- dung von Superphosphat oder Rhenaniaphosphat unmittelbar zur Bestellung gegeben. Man bringt den Dünger mit der Egge oder dem Krümmer seicht unter. Es ist erwünscht, daß die jungen Rüben- pflänzchen in der obersten Bodenschichte genügende Mengen leicht aufnehmbarer Phosphorsäure vorfinden, daher es nicht zweckent- sprechend ist, die Düngung schon längere Zeit vor dem Anbau vor- zunehmen. Nur das Thomasmehl wird schon im Herbst aufzubringen und mit dem Boden innig zu vermengen sein, doch hat man dann außerdem eine schwächere Gabe an wasserlöslicher Phosphorsäure bei der Bestellung zu geben. Eine Kopfdüngung der Zuckerrübe mit Superphosphat (oder anderen phosphorsäurehaltigen Kunstdünge- mitteln) kommt nicht oder doch nur ganz ausnahmsweise in Frage.

c) K a l i

Die Zuckerrübe benötigt zu ihrer Ernährung recht bedeutende Mengen an Kali, nützt jedoch mit ihrem entwickelten Wurzelsystem das Kali des Bodens und des Stalldüngers sehr gut aus. Mit einer Stallmistdüngung von 300 Doppelzentner je Hektar werden dem Boden etwa 200 Kilogramm Kali zugeführt. Auf den meist kaliarmen Böden Deutschlands kann sich trotzdem, selbst neben der Stallmist- düngung, die Zufuhr von Kali lohnen.

Als Kalidüngungssalze kommen im Zuckerrübenbau hauptsäch- lich in Betracht:

K a i n i t mit 13 Prozent Kali.

K a l i d ü n g e s a l z mit 40 Prozent Kali.

Das Chlorkalium (50 bis 60 Prozent Kali) und das schwefel- saure Kali (48 bis 51 Prozent Kali) kommen seltener in Frage. Auf Böden, die zur Verkrustung neigen, wird das hochprozentige Dünge- salz dem Kainit vorgezogen.

Die H ö h e d e r K a l i d ü n g u n g ist dem Düngerbedürfnis des Bodens anzupassen und daher eine sehr wechselnde. S c h n e i d e - w i n d erachtet folgende Gaben als ausreichend:

Zuckerrübe in Stalldünger: Null bis zwei Doppelzentner vierzigprozentiges Kalisalz (oder Null bis vier Doppelzentner Kainit) je Hektar.

Zuckerrübe in reiner Mineraldüngung oder Gründüngung: drei Doppelzentner vierzigprozentiges Kalisalz (oder sechs bis acht Doppelzentner Kainit) je Hektar.

Nach R o e m e r ist es jedoch zweckentsprechender, die Kalidüngung auf Grund der Mitscherlich- oder Neubauer-Analysen zu bemessen.

Die Kalisalze sollen womöglich schon im Herbst auf das Feld gebracht werden, insbesondere wenn Kainit oder größere Gaben hochprozentiger Kalisalze gegeben werden. Im Frühjahr ist die Kalidüngung vier bis sechs Wochen vor der Bestellung der Zuckerrübe vorzunehmen. Das Kalisalz wird mit dem Krümmer, im Herbst auch mit dem Pflug untergebracht.

d) K a l k

Der Bedarf der Zuckerrübe an Kalk als Nährstoff ist kein sehr hoher. Böden auf welchen die kalkbedürftigen Leguminosen, insbesondere Klee oder die in dieser Hinsicht sehr anspruchsvolle Luzerne gedeihen, decken auch den Kalkbedarf der Rübe. Eine Kalkdüngung kann jedoch die Wirksamkeit der übrigen Düngemittel erhöhen und die gesunde Entwicklung der Zuckerrübe begünstigen.

Eine ungünstige p h y s i k a l i s c h e Beschaffenheit schwerer, zäher Böden läßt sich durch eine Kalkdüngung wesentlich verbessern. Eine c h e m i s c h e Verbesserung ist durch eine Kalkzufuhr auf allen Böden erzielbar, die eine saure Beschaffenheit aufweisen. Der Kalk neutralisiert die schädliche Bodensäure und erzeugt die von der Zuckerrübe bevorzugte neutrale bis schwach alkalische Bodenreaktion. Der Einfluß des Kalkes in b a k t e r i o l o g i s c h e r Beziehung tritt in einer rascheren Zersetzung der Humusstoffe und organischen Substanzen (Stalldünger) in Erscheinung. Die Salpeterbildung wird durch eine Kalkdüngung gefördert, die Wirkung des schwefelsauren Ammoniak auf sauer reagierenden Böden sichergestellt.

Als Kalkdüngemittel stehen zur Verfügung:

K o h l e n s a u r e r K a l k ($CaCO_3$), der in Form von Saturationsschlamm (Scheideschlamm der Zuckerfabriken), Kalksteinmehl und Mergel der Kalkdüngung dient und

Ä t z k a l k (CaO), der als Stückkalk oder gemahlener Stück-kalk verwendet wird.

Für leichte Böden kommt im allgemeinen nur der kohlensaure Kalk als Düngemittel in Betracht, wogegen sich für schwere Böden der Stückkalk gut eignet.

Der kohlensaure Kalk kann jederzeit auf das Feld gebracht werden. Der Scheideschlamm ist — falls man ihn zur Zuckerrübe aufbringen will — schon im Herbst auszustreuen, so daß durch die weitere Bearbeitung des Feldes eine möglichst weitgehende Verteilung desselben erzielt werden kann. Bei der Verwendung von Ätzkalk ist größte Vorsicht geboten. Der Stückkalk muß vorerst gelöscht werden. Das Streuen und Unterbringen soll in trockenem, pulverförmigen Zustand im Herbst, womöglich bald nach dem Stoppelsturz, erfolgen. Da die Zuckerrübe gegen frische Ätzkalkdüngung sehr empfindlich ist, so vermeide man sie im Frühjahr.

Die Höhe der Kalkdüngung ist dem Boden unter Berücksichtigung der Bodenreaktion anzupassen. Auf leichteren und trockenen Böden ist die Kalkgabe vorsichtig und keinesfalls zu hoch zu bemessen. Größere Kalkgaben kommen auf schweren Böden in Frage, wo mit der Kalkdüngung gleichzeitig eine Verbesserung der mechanischen Beschaffenheit des Bodens angestrebt wird.

V. Die Aussaat der Zuckerrübe

Eine den gegebenen Verhältnissen einwandfrei angepaßte Bestellung der Saat ist für den Erfolg des Zuckerrübenbaues von ganz ausschlaggebender Bedeutung. Der Zeitpunkt und die Art und Weise der Aussaat ist in erster Reihe mitbestimmend für die Entwicklung der jungen Rübenpflänzchen und für das weitere Wachstum der Zuckerrübe. Die Menge und Güte der Zuckerrübenernte wird durch die mit der Aussaat verbundenen Maßnahmen ganz wesentlich beeinflußt.

Die Bestellung der Zuckerrübe und alle hiermit verknüpften Fragen verdienen daher die weitgehendste und vollste Beachtung seitens der Zuckerrübe bauenden Landwirte. Auch für dieses Gebiet des Zuckerrübenbaues lassen sich keine feststehenden, allgemein gültigen Vorschriften und Rezepte geben. Alle für die Aussaat aufgestellten Regeln dürfen nur als Richtlinien angesehen werden, die den gegebenen örtlichen Verhältnissen sorgsamst anzupassen sind, falls sie ihren Zweck voll erfüllen sollen. Nur eine scharfe Beobachtung der im eigenen Betrieb erzielten Erfolge und Mißerfolge, ein vorurteilsloses, doch vorsichtiges Anpassen an die auf diesem Gebiete erzielten Fortschritte, können uns die richtigen Wege weisen.

Die mit der Aussaat der Zuckerrübe verknüpften Maßnahmen werden derzeit in ganz ausschlaggebender Weise durch das Bestreben beeinflußt, den mit dem Zuckerrübenbau verbundenen, so bedeutenden Aufwand an menschlicher Arbeitskraft möglichst weitgehend herabzudrücken. Die erhöhten Lohnforderungen und die Schwierigkeit der rechtzeitigen Bereitstellung der nötigen Arbeitskräfte läßt es begreiflich erscheinen, daß man heute manche alte erprobte Regel der Aussaat von einem neuen Gesichtspunkte betrachtet und daß man versucht, neue Wege zu finden, die zu einer Entlastung des Lohnkontos führen.

Man darf auch nicht übersehen, daß die Art der Bodenbearbeitung, die Bestellung des Feldes zur Saat, die Aussaat und die Pflege der Saat im innigsten Zusammenhang stehen. Man darf diesen Zusammenhang nicht unbeachtet lassen, wenn man die eine oder andere Maßnahme der Kultur der Zuckerrübe kritisch beurteilt. Will man zum Beispiel den Samen tief unterbringen, so muß schon die Vorbereitung des Feldes zur Saat in einer anderen Weise erfolgen und wäre diese Maßnahme vollkommen verfehlt, wenn sie nicht durch eine zweckentsprechende Bearbeitung des bestellten Feldes mit der Egge ergänzt würde.

Daß die zweckmäßigste Methode der Aussaat auch mit dem Boden, dem Klima, den Niederschlagsverhältnissen und mit der Betriebsgröße wesentlichen Änderungen unterworfen ist und diesen Faktoren angepaßt werden muß, ist eine bekannte, doch noch immer nicht genügend beachtete Tatsache.

1. Saatzeit

Mit der Aussaat der Zuckerrübe soll grundsätzlich früh begonnen werden. Diese Grundregel verdient die vollste Beachtung.

Dieser frühzeitige Anbau kann ab und zu zu einem Mißerfolg führen. Er kann, wie dies 1927 in Deutschland so deutlich zu sehen war, ein sehr weitgehendes Aufschossen der Rübe verursachen. Man wird da und dort feststellen können, daß die später bestellte Zuckerrübe rascher aufgelaufen ist, ein freudigeres Wachstum zeigt, die erstgebaute Rübe überholt. Man wird in dem einen oder anderen Jahr deshalb bedauern, mit dem Anbau der Rübe so früh begonnen zu haben, da die Erstlingsrübe durch Spätfroste geschädigt oder weit stärker vom Wurzelbrand befallen wurde. Es kann auch nicht bestritten werden, daß ein früher Anbau mehr Saatgut erfordert.

Trotzdem ist ein frühzeitiger Anbau, das heißt die Aussaat der Zuckerrübe vor der Zeit, die das rascheste Auflaufen der Saat, die rascheste Entwicklung der jungen Pflanzen verspricht, dringend zu empfehlen und mit seltenen Ausnahmen von großem Vorteil.

Für eine frühe Aussaat sprechen die diesbezüglich vorliegenden Versuche. So schätzt Roemer[1], nach seinen in Halle a. d. S. vorgenommenen dreijährigen Versuchen die Verluste, die jeder Tag Ver-

---

[1] Th. Roemer: „Handbuch des Zuckerrübenbaues", P. Parey, Berlin 1927.

zögerung der Aussaat in der ersten Aprilhälfte bedeutet, durchschnittlich auf etwa fünf Doppelzentner Rübe, 80 Kilogramm Zucker und vier bis fünf Doppelzentner Blatt je Hektar. Man darf somit im Durchschnitt der Jahre damit rechnen, daß sich die frühe Aussaat in einer höheren Ernte auswirkt. Sie bringt den weiteren Vorteil mit sich, daß zu dieser Zeit der Boden noch feuchter ist, wodurch ein restloses Ankeimen der Samen auch bei trockenem Wetter erwartet werden kann. Man darf somit bei früher Saat mit weniger Fehlstellen rechnen. Auf den mit Nematoden verseuchten, rübenmüden Böden verdient die frühe Bestellung der Rübe deshalb besondere Beachtung, da die gegen kühles Wetter sehr empfindlichen Rübennematoden ihre volle Tätigkeit erst später aufnehmen können.

E. Feichtinger[1]) berichtet über einen Saatzeitenversuch, der mit Zuckerrübe von einem niederschlesischen Versuchsring im Vorjahr vorgenommen wurde. Obwohl die Witterung für die zeitig angebauten Rüben in diesem Jahr selten ungünstig war, daher das Aussehen der frühgebauten Zuckerrüben gegen den frühen Anbau sprach, so bestätigt doch auch dieser exakt durchgeführte und einwandfrei aufgerechnete Versuch neuerdings die Überlegenheit der frühen Aussaat.

Einschaltend sei hier der Versuche gedacht, durch Vorquellen des Rübensamens das Auflaufen der Rübensaat zu beschleunigen, die versäumte Saatzeit einzuholen. Dieses Einquellen beschleunigt ganz wesentlich das Ankeimen der Rübenknäuel, zeitigt jedoch die große Gefahr, daß der keimende Samen, falls er im Boden nicht genügend Wasser für seine Weiterentwicklung findet, vermalzt und zugrunde geht. Ein derartiges Vorquellen des Saatgutes ist daher nur ganz ausnahmsweise da gerechtfertigt, wo man bei verspäteten Anbau (Nachbessern von Fehlstellen oder dgl.) den Samen in feuchtes Erdreich einbringen kann.

Der beachtenswerteste Vorteil der frühen Aussaat der Zuckerrübe ist in dem Umstand zu sehen, daß man hiermit eine günstigere Arbeitsverteilung erzielt. Insbesondere kann dann mit der wichtigen Arbeit des Verziehens frühzeitig begonnen werden, wobei gleichzeitig Zeit für die Erledigung dieser Arbeit gewonnen wird. Die rechtzeitig vereinzelte Rübe entwickelt sich dann rasch, beschattet den Boden früher und gewinnt einen bedeutenden Vorsprung.

Insbesondere sind es die wärmeren, nicht zu schweren, in gutem Kulturzustand befindlichen, unkrautfreien Böden, die mit Vorteil sehr zeitlich mit Zuckerrübe bestellt werden können, wogegen auf schweren, kalten, undränierten Böden, wie auf Moordammkulturen,

---

[1]) E. Feichtinger: „Soll die Zuckerrübe früh angebaut werden?" Wiener Landwirtschaftliche Zeitung Nr. 13, 1928.

die Bestellung nicht zu frühzeitig vorgenommen werden darf. Ein sorgfältiges Studium der gegebenen Verhältnisse wird uns auch bei der Lösung dieser Frage den richtigen Weg weisen.

2. Drillsaat und Dibbelsaat

Die Drillsaat (Reihensaat) verdient bei der Aussaat der Rüben den Vorzug. Diese Ansicht wird durch die Tatsache bestätigt, daß der weitaus überwiegende Teil der Zuckerrüben gedrillt wird und die Dibbelsaat immer seltener zu finden ist.

Die Dibbelsaat bietet auch recht beachtenswerte Vorteile. Sie wurde ursprünglich als „Häufchensaat" durchgeführt und ist man dann auf die „unterbrochene Reihensaat" übergegangen. Bei der Dibbelsaat spart man an Saatgut. Das Vereinzeln der Rübe ist insofern erleichtert, als der Abstand der Rüben eine durch den Anbau

Abb. 10. Original Rübenkern-Legevorrichtung der Fa. Fr. Dehne, Halberstadt

gegebene Größe ist. Das Dibbeln erspart die Arbeit des Verhackens (Durchhacken der Drillreihen) und ermöglicht ein Behacken um den Busch herum noch vor dem Verziehen. Die Ansicht, daß die gedibbelte Rübe eine Kruste leichter durchbricht, trifft nur für die Häufchensaat zu, die jedoch schon deshalb nicht empfohlen werden kann, da sich bei dicht stehenden Horsten die Wurzeln der jungen Rübenpflanzen verfilzen, wodurch das einwandfreie Verziehen sehr erschwert wird. Obwohl man heute schon über recht gute und verläßlich arbeitende Rübenkernlegevorrichtungen (Dibbelvorrichtungen) verfügt (siehe Abbildung 10), so verdient mit seltenen Ausnahmen doch die Drillsaat den Vorzug.

Die Drillsaat bietet den ganz ausschlaggebenden Vorteil, daß sie weniger Fehlstellen zeitigt, als die Dibbelsaat. Fehler beim Anbau fallen weniger in die Waagschale. Tierische Schädlinge wirken verheerender da, wo die Rübe in einzelnen Horsten steht, wogegen in geschlossenen Drillreihen doch ab und zu Pflanzen verschont bleiben, die dann zur Erzielung eines lückenlosen Bestandes herangezogen werden können. Auch der Schaden, der mit der Verwendung der Maschinenhacke verknüpft ist, wird vor dem Vereinzeln der Rübe bei einer gedibbelten Saat stets empfindlicher sein, als bei der Drillsaat. Beweis hiefür, daß selbst die getreuesten Anhänger der Dibbelsaat auf dem Vorwenden des Feldes der Drillsaat den Vorzug geben. Daß die Drillsaat gebieterisch ein rechtzeitiges Verhacken der Rübe erfordert, ist eher als ein Vorteil als ein Nachteil dieser Anbaumethode anzusehen. Mit dem Verhacken lassen sich dann die unvermeidlichen Fehler im Bestand wesentlich weitgehender ausgleichen. Das Verziehen ist bei der schütterer stehenden Drillsaat erleichtert, da die Wurzeln der Rübenpflanzen nicht so weitgehend miteinander verwachsen sind.

Zum Anbau sollen nur gut und verläßlich funktionierende Maschinen verwendet werden. Die Saatscharhebel sollen in vertikaler Richtung leicht beweglich sein, nicht aber seitwärts ausweichen können. Der Rübensamen soll in der Reihe möglichst gleichmäßig verteilt sein. Vorrichtungen, die ein gleichmäßig tiefes Legen der Rübenkerne sicherstellen, sind da von Vorteil, wo die Art der Bestellung ihre Verwendung wünschenswert erscheinen läßt. Ebenso können die D r u c k r o l l e n in ihrer verschie-

Abb. 11. Original Töpfersche Rübendruckrolle

denartigen Gestaltung, sinngemäß verwendet, recht gute Dienste leisten, doch auch vollkommen entbehrlich sein, falls die ihnen zugedachte Aufgabe in einer anderen zweckentsprechenden Weise gelöst wird. Ein besonderes Augenmerk ist auf eine geralinige Führung der Anbaumaschine und auf einen einwandfreien Anschluß der einzelnen Gänge zu legen, da nur auf diese Weise eine zweckentsprechende Arbeit der Hackmaschinen ermöglicht werden kann. Man lasse aus diesem Grunde auch niemals zwei Sämaschinen hintereinander laufen. Will man zwei Anbaumaschinen ins Feld stellen, so beginne man mit der Arbeit in der Mitte des Feldes und lasse sie auseinander arbeiten.

Wo man die Anwand (Vorwende) im Feld getrennt querüber bestellen muß, hat man sich die Frage vorzulegen, ob der Anbau auf derselben vor oder nach der Bestellung des Feldes vorzunehmen ist. Da die Anwand, durch das Wenden der Geräte und Maschinen bei der Bestellung sehr stark festgetreten und der einwandfreie Anbau der Rübe hierdurch wesentlich erschwert wird, verdient die Methode der vorhergehenden Bestellung der Vorwand mit reichlich bemessenem Saatquantum die volle Beachtung. Nach Fertigstellung des Anbaues ist dann nur für die gründliche Auflockerung der festgetretenen Vorwand bis zur Saattiefe zu sorgen.

Bei den Sämaschinen hat man mit Erfolg versucht (Pommritz), der Bedienungsmannschaft das Mitfahren zu ermöglichen. Die

Maschinen bekommen einen bequemen Sitz für den Gespannführer, einen seitlich und zweckentsprechend angeordneten Sitz für den Steuermann, von welchem er bei natürlicher Körperhaltung die Radspur leicht übersehen und die Maschine einwandfrei steuern kann und ein rückwärts angeordnetes Laufbrett für den Abstecher (Abbildung 12). Der Vorteil dieser Einrichtung ist darin zu sehen, daß erstens die Leute weniger ermüden, daher der sorgsamen Bedienung der Maschine mehr Aufmerksamkeit zuwenden können und zweitens die Arbeit beschleunigt wird, da die Bedienungsmannschaft keine Veranlassung hat, die Leistung der Tiere abzubremsen. Dabei wächst der Zugkraftbedarf bei einer Drei-Meter-Drillmaschine durch das Mitfahren von drei Personen, nach den Versuchen in Pommritz nur etwa um zehn bis zwölf Prozent an[1]). An Stelle der Pferde können auch

Abb. 12. Sämaschine zum Mitfahren der Bedienungsmannschaft eingerichtet von der Versuchsanstalt in Pommritz

Z u g o c h s e n zur Bespannung der Rübensämaschinen verwendet werden. Geht mit denselben die Arbeit auch langsamer vor sich, so bietet der langsame, ruhigere Gang der Ochsen, doch den beachtenswerten Vorteil, daß hiermit die tadellose Führung der Maschine und die Überwachung der Sävorrichtung und des Sävorganges ganz wesentlich erleichtert wird.

Auch der Traktor wird heute schon ab und zu als Zugmaschine für Sämaschinen benützt, selbst beim Anbau der Zuckerrübe. Der Rübendrill muß jedoch in diesem Falle der ihm zugedachten Aufgabe angepaßt sein und ist zwischen dem Traktor und der Drillmaschine zumindest nach den Spuren der Ketten (oder Räder), eine Egge einzuschalten, die den niedergedrückten Boden wieder entsprechend auflockert (Abb. 13).

---

[1]) D e r l i t z k i : „Berichte über Landarbeit", Band 1. Stuttgart 1927, welchem auch die Abb. 12 entnommen ist.

Neben dem F l a c h b a u, der im Zuckerrübenbau ganz allgemein üblich ist, kann ausnahmsweise unter besonderen Verhältnissen der K a m m b a u dem Rübenbau dienen. Der K a m m b a u - K u l t u r wird der Vorteil nachgerühmt, daß sie die Bodentätigkeit erhöht, das Totwalzen des Ackers ausschließt, die Verschlämmungsgefahr durch starke Regengüsse vermindert, den Schaden durch Wurzelbrand mildert und von allem Anfang an eine intensive und tiefere Arbeit der Hackmaschinen ermöglicht, da ein Verschütten der jungen Pflanzen mit Erde, bei dem erhöhten Standort der Rübe, nicht zu befürchten ist.

Zur Kammbaukultur der Zuckerrübe kann jede Drill- oder Dibbelmaschine verwendet werden, falls man sie mit einem Rüben-

Abb. 13. Traktor-Drillmaschine mit Vorderwagen der Fa. R. Sack, Leipzig

kammbauapparat ausrüstet. Die Voraussetzung, daß mit dem Kammbau eine bessere Erhaltung der Feuchtigkeit des Bodens verbunden ist, ist nicht zutreffend. Es wird vielmehr durch die, mit dieser Saatmethode verbundene Vergrößerung der Bodenoberfläche, die Wasserverdunstung erhöht, die Austrocknung der Ackerkrume begünstigt. Der Kammbau kommt daher nur auf nassen, schweren Böden mit hohem Grundwasserstand und in Gegenden mit reichlichen Niederschlägen in Frage, doch ist nicht zu bestreiten, daß er unter bestimmten gegebenen Verhältnissen, dem Flachbau überlegen sein kann.

3. Saatmenge

M i t d e r A u s s a a t m e n g e s o l l b e i d e r Z u c k e r r ü b e n i c h t g e s p a r t w e r d e n, d a e i n g u t e r, g e s c h l o s s e n e r B e s t a n d, n u r b e i s t a r k e r A u s s a a t z u e r w a r t e n i s t.

Von normal ausgereiften, gut keimfähigen Rübensamen wird man zur D r i l l s a a t etwa 32 Kilogramm je Hektar verwenden. Bei der Dibbelsaat wird man mit der halben Saatmenge das Auslangen finden. Nach den deutschen Normen für den Handel mit Zuckerrübensamen müssen von einem Kilogramm Rübensamen in 14 Tagen, je nach der Knäuelgröße, 60.000 bis 70.000 Keime erzielt werden, davon mindestens 70 Prozent schon nach sieben Tagen. Von 100 Knäulen müssen in 14 Tagen, je nach der Knäuelgröße, 70 bis 80 Knäule keimen. Weicht die Keimfähigkeit des Rübensamens von dieser Norm ab, so ist bei der Bemessung des Saatquantums hierauf Rücksicht zu nehmen.

Bei der Bemessung der Saatmenge ist auch die Saatzeit in Betracht zu ziehen. Bei frühzeitiger Bestellung der Zuckerrübe muß das Saatquantum etwas stärker bemessen werden. Auf feinen, humosen oder sandigen, dabei genügend feuchten Boden, der sich gartenmäßig herrichten läßt, kann mit einer wesentlich geringeren Menge an Saatgut das Auslangen gefunden werden. Auf schweren, scholligen und trockenen Böden ist die Saatmenge sehr reichlich zu bemessen, falls man einen lückenlosen Stand der Zuckerrübe erzielen will. Man darf somit bei der Bemessung der Saatmenge nicht schablonenhaft vorgehen. Sie ist vielmehr unter sorgfältigster Berücksichtigung jedes einzelnen Feldes von Fall zu Fall den gegebenen Verhältnissen anzupassen.

Dabei kann nicht oft genug darauf hingewiesen werden, daß jede Fehlstelle im Bestand der Rübe, nicht allein den Hektarertrag drückt, vielmehr auch den Zuckergehalt der Rüben und den Reinheitsquotienten des Saftes in ungünstigem Sinne beeinflußt.

4. Reihenentfernung, Standraum

Die Reihenentfernung und der Standraum der Zuckerrübe sind den wechselnden Verhältnissen sorgfältigst anzupassen.

Im Verlauf der Zeit hat sich eine Reihenweite von 14 Zoll (37 Zentimeter) oder da, wo Maschinen von einer halben Rute (sechs Fuß) Breite mit fünf Reihen verwendet wurden, eine Reihenweite von $14^2/_5$ Zoll (37·7 Zentimeter) ziemlich allgemein eingebürgert. Erst in den letzten Jahren ist man aus wirtschaftlichen Gründen in zahlreichen Betrieben zu der wesentlich größeren Reihenentfernung von 45 bis 50 Zentimeter übergegangen. Zahlreiche Versuche in den verschiedensten Gegenden Deutschlands erbrachten den Beweis, daß mit einer Reihenentfernung von 50 Zentimetern die gleichen, wenn nicht höheren Erträge erzielbar sind, als mit der Reihenentfernung von 40 Zentimetern, vorausgesetzt, daß durch häufigeres und tieferes Hacken der Vorteil, den die weiten

Reihen in dieser Hinsicht bieten, auch voll ausgenützt wird. Eine größere Reihenweite als 50 Zentimeter ist
keinesfalls vorteilhaft.

Auf leichteren und trockeneren Böden, auf Feldern, die stark mit
Nematoden verseucht sind, bei Anbau sehr zuckerreicher Sorten wird
man eine engere Reihenweite von etwa 36 bis 40 Zentimeter wählen.
Auch dürfte es gewagt sein, auf Böden, die noch nicht in hoher
Kultur stehen, in Gegenden mit Trockenperioden und heißen Winden
und da, wo tierische Schädlinge den Bestand der Rübe bedrohen, die
Zuckerrübe in zu weite Reihen zu stellen, ehe nicht durch wiederholte Versuche die Zweckmäßigkeit dieser Maßnahme einwandfrei
festgestellt wurde.

Kann man die Reihenentfernung von 40 Zentimeter auf 50 Zentimeter vergrößern, so erspart man hiermit bei allen Handarbeiten in
der Rübe nahezu 20 Prozent. Gleichzeitig wird auch die Hackarbeit
mit den Maschinen wesentlich erleichtert. Es ist dies ein Vorteil, der
gewiß nicht übersehen werden darf und der es erklärlich erscheinen
läßt, daß heute schon viele Landwirte der größeren Reihenentfernung
den Vorzug geben.

Nicht unerwähnt soll der Versuch bleiben, die Zuckerrübe im
Quadratverband zu bauen, ein Verband, der durch das Überkreuz-
drillen erzielbar ist. Die Rübensamen werden hierbei zur Hälfte
in der einen Richtung, zur Hälfte senkrecht dazu gedrillt und stehen
nach der Bearbeitung mit der Hacke in beiden Richtungen an den
Kreuzungsstellen im korrekten Quadratverband. Der Vorteil einer derartigen Anbaumethode ist jedoch fraglich und gewiß nicht in dem
hiermit erzielten Quadratverband zu suchen. Wir kommen auf die
Frage in dem Abschnitt der Arbeit zurück, der die Pflege der Zuckerrübe behandelt.

Je größer die Rübenentfernung genommen wird, desto enger
müßten die Rüben in der Reihe gestellt werden, um die gleiche Anzahl Zuckerrüben je Flächeneinheit zu erhalten. Sehr verbreitet war
die Standweite von 37×21 Zentimeter (14×8 Zoll). Baut man die
Rübe in weite Reihen, so vergrößert man zumeist auch den Standraum
derselben, da es nicht erwünscht ist, sie in den Reihen zu enge zu
stellen. So wird derzeit ein Standraum von 50×20 Zentimeter und
selbst 50×25 Zentimeter als erstrebenswert bezeichnet (Roemer). Daß
die Zahl der am Felde befindlichen Zuckerrüben selbst unter den
günstigsten Verhältnissen um zehn Prozent, oft selbst um 20 Prozent
niedriger ist, als die nach dem Standraum berechnete Zahl der Rüben
ist bekannt und darf bei der Ernteschätzung auf Grund von Probe-
rodungen nicht übersehen werden.

5. Saattiefe

Die Ansicht über die zweckentsprechende Saattiefe hat sich in den allerletzten Jahren wesentlich verschoben.

Jahrzehntelang brachte man den Rübensamen möglichst seicht in den Boden. Die Regel lautete: „Lieber flacher, als zu tief" und wurde diese Ansicht durch zahlreiche Versuche und durch die praktische Erfahrung stets neuerdings bestätigt. Es ist dies auch erklärlich, wenn man bedenkt, daß bei der ganz allgemein üblichen Anbaumethode eine wesentlich größere Saattiefe keinesfalls günstigere Resultate ergeben konnte. Bedenkt man, daß der Boden zur Saat stets mit schweren Walzen gefestigt wurde, um durch die Verdichtung der Bodenschichte die Feuchtigkeit an die Samen heranzubringen, so hatte es keinen Zweck, die Rübensamen tiefer unterzubringen. Jedes Tieferlegen der Knäule war vielmehr von Gefahr, da auf dem derart vorbereiteten Rübenfeld die an der Oberfläche geschaffene seichte Schichte Feinerde allzu leicht eine Kruste bildete, die nur von knapp darunterliegenden Rübenkeimen durchbrochen werden konnte. Man trachtete den Samen nur auf 1 bis 1½ Zentimeter in den Boden zu bringen und gab einer Saattiefe von zwei Zentimeter nur ausnahmsweise auf leichten, trockenen Böden oder bei verspätetem Anbau den Vorzug.

Schurig-Markee gebührt das Verdienst, der Bestellung des Rübenackers zur Saat neue Wege gewiesen zu haben. Schaltet man im Sinne dieser neuen Anbaumethode die Walze bei der Bestellung des Feldes möglichst weitgehend aus, will man gleichzeitig den Boden auch nach der Aussaat stets offen halten und mittelst leichter Eggen jede Krustenbildung verhindern, so muß man eine wesentlich größere Saattiefe von etwa drei bis vier Zentimeter wählen. Man kann den Samen in diesem Falle auch so tief einbringen, da die stets locker gehaltene Oberfläche den Zutritt der Luft zu den keimenden Pflanzen ermöglicht. Man muß diese Saattiefe von drei bis vier Zentimeter wählen, da sie als eine nicht zu umgehende Voraussetzung für die weitgehende Verwendung der Egge nach der Bestellung bis zum Auflaufen der Saat angesehen werden muß. Das tiefere Unterbringen der Samen ist in diesem Falle auch deshalb geboten, da die Rübenknäule nur in dieser Tiefe das zur Keimung nötige Wasser finden.

Man hat somit heute die Frage der Saattiefe von einem wechselnden Gesichtspunkt zu betrachten, der zur Aufstellung folgender Regeln führt:

1. Möglichst flache Saat von 1 bis 1½ Zentimeter Tiefe bei Anwendung der alten Methode der Bestellung der Zuckerrübe.

2. **Tiefe Saat** auf drei bis vier Zentimeter bei Ausschaltung der Walze im Sinne der neuen Anbaumethode und weitgehender Verwendung der Egge nach der Bestellung der Zuckerrübe.

Eine mittlere Saattiefe von zwei bis drei Zentimeter scheint in keinem Falle oder doch nur ganz ausnahmsweise gerechtfertigt zu sein. Unter welchen Verhältnissen es zweckentsprechend erscheint, die alte, so gründlich erprobte Anbaumethode fallen zu lassen, um auf die neue, vielversprechende Anbaumethode überzugehen, das dürften uns die Erfahrungen der nächsten Jahre lehren.

VI. Die Pflege der Zuckerrübe

Die Zuckerrübe erfordert eine sehr sorgfältige Pflege der heranwachsenden Pflanzen, und lohnt das gründliche, oft wiederholte Behacken und das mit peinlichster Sorgfalt vorgenommene Vereinzeln mit einem höheren Ernteertrag.

Der Pflegearbeit fällt vor allem die Aufgabe zu, die Oberfläche des Bodens stets offen zu halten, jede Krustenbildung zu verhindern. Es wird hierdurch der Eintritt der Luft in den Boden ermöglicht, der Wasserhaushalt des Bodens in günstiger Weise beeinflußt, das aufkeimende Unkraut raschestens und gründlichst beseitigt. Durch eine zweckentsprechend und rechtzeitig vorgenommene Pflegearbeit (Egge, Hacke) fördert man mit der Durchlüftung des Bodens die chemischen Umsetzungsprozesse im Boden, die Ernährung der Rübe und die Entwicklung der Kleinlebewelt der Ackerkrume, der wir die Bodengare verdanken. Die Erhaltung der mit der Bodenbearbeitung geschaffenen Gare des Bodens, ist das Ziel, das man mit den Pflegearbeiten stets anstreben muß. Die alten Bauernregeln: „Man hacke so oft als nur möglich", oder „Der Zucker muß in die Rübe hineingehackt werden", „Jede Hacke ersetzt einen Regen" usw. haben auch heute noch ihre volle Gültigkeit.

Geändert hat sich nur die Ansicht über die zweckmäßigste Art der Durchführung der Pflegearbeit. Das so naheliegende Streben nach möglichst sparsamer Verwendung der teueren menschlichen Arbeitskräfte, führte zu einer weitgehenderen Verwendung der Hackmaschinen. Sie wurde begünstigt durch die recht wesentliche Verbesserung und Ausgestaltung dieser Maschinen. Daneben beginnt man auch der Egge als Pflegeinstrument mehr Beachtung zu schenken, als bisher.

Auch bezüglich aller Pflegearbeiten lassen sich keine feststehenden Regeln und Schablonen aufstellen. Vollen Erfolg wird man nur da erzielen können, wo jeder Eggenstrich, jede Hacke mit der

Maschine und mit der Hand, das Verhacken und Verziehen dem Zustand des Bodens, der Witterung, dem Pflanzenbestand und allen übrigen gegebenen Verhältnissen richtig und einwandfrei angepaßt werden. Ob man die erste Hacke durch einige Eggenstriche ersetzen kann, ob es nicht doch zweckmäßiger ist, sie mit der Maschine mit einreihigen Radhacken oder mit Rücksicht auf die starke Verunkrautung mit der Hand vorzunehmen, sind Fragen, die sich nur von Fall zu Fall — von Feld zu Feld — entscheiden lassen und nicht selten reiflichste Überlegung erfordern. Das gleiche gilt für alle Pflegearbeiten. Man vermeide daher jede schablonenhafte Durchführung dieser Arbeiten.

Bei der Durchführung der Pflegearbeiten (Handhacke, Verhacken, Verziehen) gewinnt auch d i e A r t d e r E n t l o h n u n g einen ganz ausschlaggebenden Einfluß auf die Qualität, die Beschleunigung und die Kosten der Arbeit. Der Lohnmaßstab ist somit bei diesen Arbeiten den gegebenen Verhältnissen sehr sorgfältig anzupassen. Im allgemeinen wird man schon deshalb dem Z e i t l o h n den Vorzug einräumen, da man bei dieser Art der Entlohnung die qualitativ beste Arbeit erwarten kann. Bei Mangel an Arbeitskräften kann jedoch da, wo man über gut eingeschulte, verläßliche Leute verfügt, auch der A k k o r d l o h n die zweckentsprechendere Entlohnungsart darstellen. Man kann auch neben einem niedriger festgesetzten Zeitlohn (Taglohn) eine bald niedriger, bald höher gegriffene L e i s t u n g s p r ä m i e geben, eine Entlohnungsart, die deshalb vollste Beachtung verdient, da man hiermit je nach Gutdünken den Effekt der Entlohnung bald dem Zeitlohn, bald dem Akkordlohn näherrücken kann. Auch alle übrigen mit der Entlohnung und Arbeitseinteilung verknüpften Fragen verdienen im Rübenbau die vollste Beachtung. Ob man die Arbeit in G r u p p e n a k k o r d, in E i n z e l a k k o r d oder F a m i l i e n a k k o r d vergibt, die Art und Weise der Arbeitseinteilung und zahlreiche andere Fragen können für die einwandfreie und rechtzeitige Erledigung der Pflegearbeiten eine ganz ausschlaggebende Bedeutung gewinnen. Dem Betriebsleiter fällt die gewiß nicht leichte, doch sehr dankbare Aufgabe zu, die Arbeit und ihre Entlohnung den gegebenen Verhältnissen einwandfrei anzupassen. Wie die Erfahrung lehrt, haben wir auf diesem Gebiet noch manches Versäumnis nachzuholen.

1. Egge und Walze

Die Egge wurde bisher als Instrument für die Pflege der Saat nur selten verwendet. Es ist dies eine Tatsache, die nicht recht verständlich ist. Ein Übereggen der jungen Rübensaat mit einer leichten, den Bodenverhältnissen richtig angepaßten Egge, schräg oder querüber den gedrillten Rübenreihen, ist doch eine recht wirksame Pflegearbeit. Ein derartiger ein-, zweimal wiederholter Eggenstrich, zur rechten Zeit vorgenommen, ist oft ein vollwertiger Ersatz einer Hacke und nicht selten wirksamer als die Hackarbeit, da mit der Egge der Boden auch innerhalb der Reihen gelockert wird.

Auf schwach verkrusteten Böden kann auch die Walze zur Pflege der Zuckerrübe in ihrem ersten Wachstumstadium oft mit Erfolg herangezogen werden. Der Arbeitsgang: Walze-Egge oder Egge-Walze-Egge, ist dann sorgfältigst den gegebenen Verhältnissen anzupassen. Bei starker Verkrustung des Bodens kann die Zehetmayrsche Stachelwalze (Abbildung 15) gute Dienste leisten.

Eine Beschädigung der bereits genügend kräftigen Rübe durch die Egge ist nicht zu befürchten. Wird bei dichtem Bestand in den Rüben ab und zu eine Pflanze aus dem Boden gerissen, der Bestand etwas gelichtet, so kann dies für die verbleibenden Rüben nur von Vorteil sein.

Die Schwierigkeiten, die derzeit der Beschaffung der nötigen Arbeitskräfte entgegenstehen und das so naheliegende Streben, das

Abb. 14. Saatfeinegge der Pommerschen Eisengießerei und Maschinenfabr. A. G., Stralsund

Lohnkonto auf ein erträgliches Ausmaß herabzudrücken, führten in den letzten Jahren dazu, der Egge als Pflegeinstrument mehr Beachtung als bisher zuzuwenden und sie in folgender Weise zu verwenden:

Man übereggt schon wenige Tage nach erfolgter Aussaat die Rübenfelder mit leichten, vier bis sechs Meter breiten, hölzernen Eggen mit Eisenzinken und setzt diese Arbeit fort, bis die Rübe durchzubrechen beginnt. Es wird dann mit dem Eggen ausgesetzt, bis sich die Pflanzen genügend entwickelt haben, einige Zentimeter hoch stehen. Dann wird das Eggen mit etwas weiter gestellten Eggenzinken neuerdings aufgenommen und bis zum Verhacken zwei-, dreimal wiederholt. Das Eggen muß hierbei stets schräg oder querüber den Drillreihen erfolgen. Daß an eine derart weitgehende Verwendung der Egge nur da gedacht werden kann, wo der Rübensamen auf drei bis vier Zentimeter in die Erde gebracht wurde, ist bereits besprochen worden.

Mit dieser wiederholten Verwendung der Egge soll der Boden stets offen gehalten und das ankeimende Unkraut in seinem ersten

Wachstumstadium vernichtet werden. Stehen die Böden in hoher Kultur und sind die Felder nicht zu stark verunkrautet, so kann bei dieser Methode die erste Hacke durch die Egge vollkommen ersetzt werden.

Jedenfalls verdient die Egge als Pflegeinstrument auch im Zuckerrübenbau weit mehr Beachtung, als ihr bisher geschenkt wurde.

2. Verhacken und Verziehen

Ein Verhacken der Rübe, daß heißt das Durchhacken der gedrillten Reihen, ist eine sehr wirksame Vorarbeit für das Verziehen der Rübe. Man entfernt mit dieser Arbeit frühzeitig den größten Teil der überflüssigen Rübenpflanzen und des in den Rübenreihen stehen-

Abb. 15. Zehetmayr'sche dreiteilige Walzenegge der Fa. R. Bächer

den Unkrautes. Man beläßt von den gedrillten Rübenreihen, an dem den Rüben zugedachten Standort, kleine etwa fünf bis sechs Zentimeter lange Reihenstücke und erleichtert hiermit ganz wesentlich das Vereinzeln der Rübe. Wird zum Beispiel in einem gegebenen Fall innerhalb der Rübenreihe eine Standweite von 25 Zentimeter angestrebt, so sind je 20 Zentimeter durchzuhacken. Durch die Standweite, das heißt die Entfernung der Rüben in der Reihe, ist gleichzeitig auch die zweckentsprechende Breite für die zum Verhacken verwendete Handhacke gegeben. Das diesem Zweck dienende Instrument, meist eine Hacke, selten eine Schippe (Stecher), wird um etwa fünf Zentimeter schmäler zu nehmen sein, als die angestrebte Standweite.

Je früher man mit dem Verhacken beginnen kann, desto vorteilhafter ist diese Arbeit. Sie geht

rasch und leicht von statten, wenn der Stand der Rübe ein gleichmäßiger und lückenloser ist. Wo sich die Rüben ungleichmäßig entwickelten und zahlreiche Fehlstellen vorhanden sind, erfordert die
Arbeit des Verhackens die größte Sorgfalt und darf nur gut eingeübten,
verläßlichen Leuten anvertraut werden.

Oft ist es vorteilhaft, vor dem Durchhacken eine Maschinenhacke zu geben, um vor allem den Boden zwischen den Rübenreihen
gründlich zu lockern. Das Verhacken ist dann als eine Ergänzung dieser Arbeit innerhalb der Rübenreihen anzusehen. Wird das Verhacken ohne dieser Vorarbeit auf fest-
geschlämmten, verkrusteten Böden vorgenommen, so ist zu
fürchten, daß die durchgehackten Stellen nicht mit Feinerde bedeckt werden, blank liegen bleiben und verhärten,
wodurch das Wachstum der Rübe in ungünstigem Sinne
beeinflußt wird. Um diesen Übelstand zu vermeiden, wird
das Verhacken mit der Hand oft im sogenannten „Dreischlag" vorgenommen. Man führt bei diesem Arbeitsvor-
gang die ersten beiden Hackenschläge dicht an beiden Seiten der Rübenreihe, wonach mit dem dritten Hackenschlag
das Durchhacken der Rübenreihe erfolgt, wie aus der Abbildung 16 zu ersehen ist. Es bereitet keine Schwierigkeit
hierbei, die Verhackstelle mit loser Erde zu bedecken.

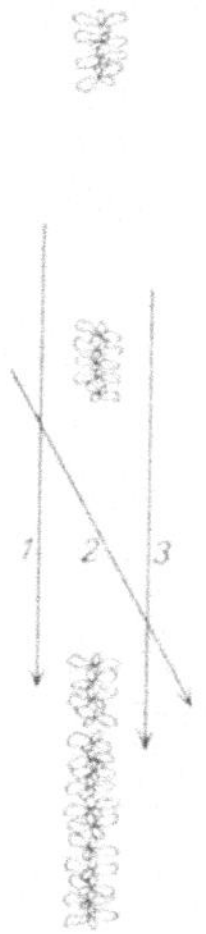

Abb. 16.
„Dreischlag"

Das Verhacken wird nahezu ausschließlich mit der
Hand vorgenommen. Man verwendet hierzu mit Vorteil
eine Doppelbügelhacke, eine Bügelhacke oder auch eine
gewöhnliche Rübenhacke. Der „Stecher" eignet sich für diese Arbeit
deshalb weniger gut, da bei der Arbeit mit diesem Instrument das
Bedecken der durchstochenen Stellen mit Erde schwieriger ist (Abbildung 17). In vollkommen lückenlosen Rübenbeständen, wie man sie

Abb. 17. Doppelbügelhacke, Bügelhacke durchbrochen und
Stecher

wohl nur ausnahmswei-
se findet, kann diese
Arbeit auch mittelst der
gewöhnlichen Rüben-
hackmaschinen in ganz
einwandfreier Weise
durchgeführt werden.
Die senkrecht zu den
Drillreihen geführten,
mit Schutzrollen verse-
henen Hackmaschinen sind hierbei derart einzustellen, daß fünf bis
sechs Zentimeter breite Streifen unbehackt bleiben. Auch ist bei der
Führung der Maschine dem ganz einwandfreien Anschluß die größte
Sorgfalt zuzuwenden. Ein derartiges Verhacken der Rübe mit Hack-

maschinen schon vor dem Auflaufen der Rübe vorzunehmen, eine Maßnahme, die vom rein theoretischen Standpunkt betrachtet, gewiß manche Vorteile bietet, ist mit seltenen Ausnahmen ein sehr gewagtes Beginnen.

Das Verziehen (Vereinzeln) der Rübe ist als die wichtigste Pflegearbeit anzusehen. Die einwandfreie Durchführung dieser Arbeit ist von ganz ausschlaggebenden Einfluß auf die weitere Entwicklung der belassenen Pflanzen, auf die Zahl der Fehlstellen und hiermit auf den Ernteertrag der Zuckerrübe.

Die Arbeit des Verziehens soll unter normalen Verhältnissen möglichst frühzeitig vorgenommen werden, sobald die Rübe nebst den Kotyledonen ein Blattpaar entwickelt hat und die etwa zehn Zentimeter lange Pflanze bereits eine Wurzel in der Stärke eines Strohhalmes bilden konnte. Eine Verzögerung dieser wichtigen Arbeit ist stets mit einem Ertragsverlust verbunden und nur da gerechtfertigt, wo Ungezieferschaden zu erwarten ist (Engerlinge, Drahtwürmer, Rüsselkäfer, Flöhe usw.). Auf nematodenverseuchten Feldern ist ein sehr frühzeitiges Verziehen von besonderer Wichtigkeit, da dann die jungen Rüben die Rolle von Fangpflanzen übernehmen und mit ihnen ein ganz beträchtlicher Teil der Nematoden vernichtet werden kann. Haben die Rüben schon sechs Blätter, so ist die erste Generation der Nematoden meist schon ausgeschlüpft und der günstigste Zeitpunkt versäumt. Ähnlich liegen die Verhältnisse bezüglich der Runkelfliege und ist bei der Bekämpfung derselben der richtigste Zeitpunkt des Verziehens von ausschlaggebender Bedeutung.

Die Arbeit des Verziehens der Rübe ist mit allergrößter Sorgfalt durchzuführen. Besonderes Augenmerk ist darauf zu verwenden, daß stets die stärksten, gesündesten und kräftigst entwickelten Pflänzchen belassen werden. Man gewinnt hierdurch die lebensfähigsten und widerstandsfähigsten Pflanzen für den Rübenbestand des Feldes. Gleichzeitig ist darauf zu achten, daß die zu belassenden Rüben nicht beschädigt werden.

Das Vereinzeln wird am zweckentsprechendsten durch gut eingeschulte Kinder vorgenommen, die sich leicht bücken und mit ihren kleinen beweglichen Fingern diese Arbeit am besten erledigen. Man verziehe mit beiden Händen. Mit der linken Hand wird die zu vereinzelnde Pflanze festgehalten und an den Boden festgedrückt, während mit der anderen Hand die zu entfernenden Pflanzen festgepackt und mit einer drehenden Bewegung seitwärts und nach oben aus dem Boden herausgezogen werden. Die Pflanzen müssen hierbei einschließlich der Wurzel entfernt werden, schon mit Rücksicht auf Nematoden, Ungeziefer und ein unliebsames neues Austreiben der im Boden verbliebenen Wurzeln. Es ist daher ein grober Fehler, wenn die Rübenblätter nur abgerissen oder abgeschnitten werden. Nur auf verhärteten, schweren Böden kann es zweckmäßig oder selbst notwendig sein, beim Verziehen zur Lockerung der Erde und zur Beseitigung der überflüssigen Pflänzchen, ein kleines Handgerät (kleine Hacke mit kurzem Stiel oder dgl.) zu verwenden.

Man verwende zu dieser Arbeit nur verläßliche und erprobte Arbeitskräfte und sorge für ausreichende scharfe Aufsicht. Man teile jeder Arbeitskraft zwei Reihen zu, trenne die Leute (Kinder) nach ihrer Eignung für diese Arbeit und nach ihrer Leistungsfähigkeit in kleine Partien von 15 bis 20 Personen.

Ein N a c h v e r z i e h e n der bereits vereinzelten Rüben mit Kindern ist eine Arbeit, die selten vorgenommen wird. Sie kostet nicht viel, geht rasch von statten und kann sich gut lohnen, da sie ein rascheres Arbeiten bei der nächsten Handhacke ermöglicht.

Verhacken und Verziehen können da, wo diese Arbeit nicht drängt, a u c h   i n   e i n e m   A r b e i t s g a n g vorgenommen werden. Im allgemeinen ist jedoch dieses Zusammenlegen der beiden Arbeitsgänge schon deshalb nicht zu empfehlen, da mit dem Durchhacken (Verhacken) zeitlicher begonnen werden kann, als mit dem Verziehen. Der Vorsprung, den man mit dem zeitlichen Durchhauen der Rübe gewinnt, darf nicht unterschätzt werden. Auch der Umstand, daß das Verhacken eine Männer- und Frauenarbeit, das Verziehen hingegen eine Kinderarbeit ist, spricht für die Zweckmäßigkeit der Trennung dieser beiden Arbeitsvorgänge.

Beide Arbeiten müssen, will man im Rübenbau einen günstigen Erfolg erzielen, sehr sorgfältig, sehr gewissenhaft durchgeführt werden. Jedes Übereilen dieser Arbeiten, jede Beschleunigung derselben auf Kosten der Qualität der Arbeitsleistung, ist verfehlt. Die Arbeit ist daher nach der Zeit zu entlohnen (Taglohn) und die Leistung der Arbeiter nicht nach der geleisteten Fläche zu beurteilen, sondern nach der Güte der Arbeit. Die Arbeit des Verhackens und Verziehens im Akkord zu vergeben, kann somit nicht oder doch nur ganz ausnahmsweise bei überständigen Rüben und sehr geschultem Personal gerechtfertigt sein. Man bedenke, daß ein Plus von zehn Prozent Fehlstellen, einen Ernteausfall von etwa fünf Prozent Zuckerrübe entspricht.

3. Handhacke und Maschinenhacke

Ursprünglich war es die Handhacke, der das größte Arbeitspensum bei der Pflege der Zuckerrübe zufiel. Später wurde die Hackarbeit mehr und mehr den Hackmaschinen zugeteilt, eine Maßregel, die manche wesentlichen Vorteile mit sich brachte. Die Maschinenhacke ersparte teuere menschliche Arbeitskraft, verbilligte und be-

schleunigte die Hackarbeit und gestattete ein tieferes und gründlicheres
Lockern des Bodens. Man trachtete danach, mit zwei Handhacken das
Auslangen zu finden, und zwar mit der „ersten Hacke" der durch-
brechenden Rübe, die größte Achtsamkeit verlangt, und der „Hacke
um den Busch" als abschließende Pflegearbeit. Derzeit will man noch
einen Schritt weitergehen. Die erste Hacke soll durch die Pflegearbeit
mittelst der Egge ersetzt werden, so daß, abgesehen von dem Verhacken mit einer einzigen Hacke, der „Hacke um den Busch", das Auslangen gefunden wird. Daß man dieses Ziel nur auf in hoher Kultur
stehenden, unkrautfreien und tadellos vorbereiteten Böden anstreben
und erreichen kann, bedarf keiner Begründung.

Die Handhacke erfordert vor allem ein für diesen Zweck
gut brauchbares Gerät. Die Hacke muß in ihrer Breite der Arbeit, die
sie leisten soll, richtig angepaßt sein. Hackt man die Reihenzwischen-
räume, so würde man die größte Leistung mit einer Hacke erzielen,
die nur um fünf bis sieben Zentimeter schmäler ist, als die Drillreihen-
weite. Diese Forderung ist nur bei
Einradhacken erfüllbar. Eine gewöhnliche Handhacke in dieser
Breite wäre unhandlich, daher man
sie viel schmäler nimmt. Jedenfalls
sollen sich jedoch die innerhalb
der Reihe geführten Hackenschläge
noch übergreifen. Hackt man die

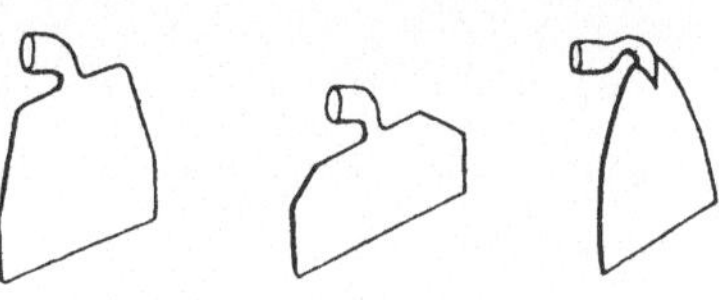

Abb. 18. Gebräuchliche Formen des Hackblattes

Rübenreihen (Links-Rechts-Hacke), so wählt man eine Hacke, die
nicht viel breiter ist, als die halbe Reihenentfernung. Da man diese
schmale Hacke auch zum Verhacken und dem Hacken um den Busch
herum verwenden will, so kann ihre Breite auch diesem Zweck angepaßt werden. Man berechnet sie aus der theoretisch erwünschten Entfernung der Pflanzen in der Reihe, abzüglich fünf bis sechs Zentimeter
für den Busch. Die Hacke soll auch nicht zu leicht sein und muß ihr
Gewicht auf schwereren Böden ein größeres sein. Zu achten ist darauf,
daß der Schwerpunkt der Hacke möglichst tief liegt, damit sie
„Schwung" hat, und daß sie bei aufrechter Körperhaltung im richtigen Winkel den Boden schneidet, somit auch „Zug" hat. Es fehlt
nicht an sehr zahlreichen Versuchen, die Hacke zu verbessern, durch
Verwendung von „Doppelhacken" die Arbeitskräfte besser auszunützen, durch verschiebbare Laufgewichte die Tiefe des Eindringens
der Hacke in den Boden zu regulieren, durchbrochene Hacken (Bügel-
hacken), (Abbildung 17) zu verwenden, um eine Krümeldecke
zu gewinnen und die sogenannten „Dellen", das sind die glatten,
kahlen Stellen, zu vermeiden[1]). Die Doppelhacken sind nicht brauchbar,

---

[1]) E. A. Seebaß: „Geräte und Arbeitsstudien beim Zuckerrübenbau",
Heft 5 der Bücherei für Landarbeitslehre, P. Parey, Berlin 1927.

die durchbrochenen Hacken für schwerere Böden oft zu leicht. Die sogenannten „Doppelbügelhacken" (Abbildung 17) haben den Vorzug, daß sich die von der Hand ausgehende Kraft gleichmäßiger auf das Hackblatt verteilt.

Das Hacken mit der Hand kann im Vorwärtsgang oder Rückwärtsgang erfolgen. Die Arbeit im Vorwärtsgang hat den Nachteil, daß die Leute den mit der Hacke gelockerten Boden zum Teil wieder festtreten, eine Erscheinung, die insbesondere auf frischem Boden und unkrautwüchsigem Land sehr unerwünscht ist. Man kann diesen Nachteil vermeiden, wenn man jeder Person nur eine Reihe zuweist und sie in der noch unbehackten Nebenreihe „im Kranichzug" anstellt. Der Rückwärts-

Abb. 19. Zweiradhacke „Komet Junior" der Fa. R. Bächer

gang verdient bei der Hackarbeit meist den Vorzug. Sind die Arbeitskräfte auf diese Arbeitsmethode gut eingeschult, so leisten sie die gleiche Arbeit in der Zeiteinheit.

Ein rascheres Behacken der Rübenreihen mit menschlicher Arbeitskraft läßt sich erzielen, wenn man gut arbeitende R a d - h a c k e n verwendet. Sie sind in verschiedenartigsten, oft recht zweckmäßigen Konstruktionen, in primitivster und teuerster Ausführung am Markt. Wir erwähnen nur die allgemein bekannte Marke „Planet junior". Derartige Radhacken bieten unter anderem den Vorteil, daß man in der dringendsten Arbeitszeit auch die verfügbaren Männer in lohnender Weise zur Hackarbeit heranziehen kann. Sie sind geradezu unentbehrlich für den bäuerlichen Rübenbauer, für den es sich nicht lohnt, eine Hackmaschine zu beschaffen. Eine zweckentsprechend konstruierte Radhacke leistet, richtig gehandhabt, eine ganz vorzügliche Arbeit, insbesondere im Jugendstadium der Zuckerrübe. Sie stellt sozusagen den Übergang von der Handhacke

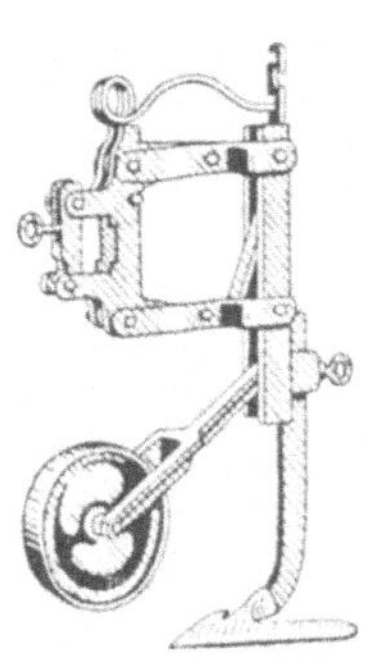

Abb. 20. Paralellogramm mit Führungsrolle

zur Maschinenhacke dar (Abbildung 19).

Die M a s c h i n e n h a c k e wurde Jahrzehnte hindurch im Zuckerrübenbau nur als notwendiges Übel, als Notbehelf bei Mangel an menschlichen Arbeitskräften betrachtet. Im Verlauf der Zeit ist sie ein ganz unentbehrliches Pflegeinstrument geworden und fällt ihr heute der überwiegende Teil der Hackarbeit zu.

Die Hackmaschinen haben sich im Verlauf der Zeit von den primitivsten Formen mit starr angebrachten Hackwerkzeugen zu den Hebelhackmaschinen und den Parallelogrammhebelhackmaschinen entwickelt. Wir bringen in Abbildung 20 ein derartiges Parallelogramm mit Führungsrolle der Hackmaschine „Heys Pflanzenhilfe". Seit kurzer Zeit sind auch Hackmaschinen auf dem Markt, die nach dem System der Bodenfräse arbeiten, somit nach einem ganz neuen Prinzip, das volle Beachtung verdient, selbst wenn es in seinem Entwicklungsstadium noch manche Kinderkrankheiten mitzumachen

Abb. 21. Sechsreihige Rübenhacke „Original Delta" der Fa. Joh. Červinka, Prag

hat. Jedenfalls stehen dem Zuckerrübe bauenden Landwirt heute schon zahlreiche Hackmaschinen zur Verfügung, die selbst den weitgehendsten Anforderungen in jeder Hinsicht voll entsprechen. Neben der Hackmaschine verdient das an derselben befindliche Hackwerkzeug die vollste Beachtung, da es mit in erster Reihe ausschlaggebend ist, für die Brauchbarkeit der Maschine.

Die Hackmaschine muß der verwendeten Drillmaschine vollkommen angepaßt sein. Es ist dies die wichtigste Grundbedingung für die einwandfreie Hackarbeit mit der Maschine. Die Spurweiten beider Maschinen müssen genau übereinstimmen, doch kann man ausnahmsweise den gleichen Zweck erreichen, wenn zwei Hackmaschinen mit halber Spurweite verwendet werden, so zum Beispiel nach einer achtreihigen Drillmaschine zwei vierreihige Hackmaschinen, nicht aber nur eine dieser Maschinen. Die Hackmaschine ist in gleicher Richtung und in der Spur der Drillmaschine zu führen. Ist durch eine tadellose Arbeit der Drillmaschine die nötige Voraussetzung geschaffen, so kann dann mit guten Hackmaschinen eine Hackarbeit geleistet werden, die nichts zu wünschen übrig läßt. Ein sicheres Steuern, nicht nur der Maschine, sondern insbesondere der Hackmesser, ein leichtes Einstellen des Tiefganges der Hackgeräte, die Unmöglichkeit einer Seitwärtsverschiebung und Änderung des Abstandes der einzelnen Hackmesser, die gute Anpassung der Messer an die Unebenheiten des Bodens, sind die wichtigsten Anforderungen, die an eine Hackmaschine zu stellen sind.

Als Bespannung für die Hackmaschinen verdienen neben den Pferden und Maultieren, die Ochsen vollste Beachtung, da sie mit ihren breiten Klauen nicht so tief in den Boden eintreten, die jungen Rübenpflanzen weniger beschädigen. Der langsame Gang der Ochsen erleichtert die sorgfältige Führung und Überwachung des Hackapparates. Man wähle zu dieser Arbeit Tiere, die gängig sind und die Füße in einer geraden Linie hintereinander setzen.

Die erste Maschinenhacke wird da, wo man die Pflege der aufgelaufenen Rübe nicht mit der Egge durchführen kann oder durchführen will, möglichst frühzeitig gegeben, sobald die Rüben aufgelaufen und die Reihen deutlich zu sehen sind. Man hackt die Rübe in diesem Stadium der Entwicklung zu dem Zweck, um eine lockere Erdschichte zwischen den Rübenreihen zu gewinnen, die Bearbeitungsgare des Bodens zu erhalten und den Kampf gegen das auflaufende Unkraut ehemöglichst aufzunehmen. Der Wunsch, diese wichtige Arbeit noch früher vorzunehmen, führte ab und zu zur Verwendung der Hackmaschinen noch vor dem Auflaufen der Rübe. Ein derartiges „Blindhacken" ist nur da möglich, wo die Drillreihen am ganzen Felde scharf zu erkennen sind, oft auch bei Verwendung von Druckrollen oder wo dem Rübensamen eine Leitsaat (Senf, Rübsen) zu diesem Zweck beigemengt war; eine Maßnahme der auch manche Bedenken entgegenstehen. Das Blindhacken erfordert große Vorsicht und ist nur ausnahmsweise begründet. Bei der ersten Maschinenhacke muß darauf geachtet werden, daß die jungen Pflänzchen der Zuckerrübe nicht mit Erde verschüttet werden. Die Hackmaschinen werden zu diesem Zweck oft mit rotierenden Scheibenkoltern oder anderen Schutzvorrichtungen für die jungen Pflanzen ausgerüstet.

Die Hackmaschine wird oft auch vor dem Verhacken der Zuckerrübe verwendet, um diese Arbeit zu erleichtern. Nach dem Verziehen wird die Arbeit fortgesetzt, sobald sich die vereinzelten Pflanzen erholt haben. Während man mit der ersten Hacke den Boden nur etwa zwei Zentimeter tief lockert, wird später eine von Hacke zu Hacke tiefergehende Lockerung der obersten Bodenschichte bis auf eine Tiefe von fünf bis sechs Zentimeter vorgenommen.

Das Hacken mit der Maschine soll möglichst
ange fortgesetzt werden, um das Verhärten der
obersten Bodenschichte zu verhindern. Der Nachteil,
der durch die schwer zu vermeidende Beschädigung der Blätter hierbei
entsteht, darf uns nicht veranlassen, das Hacken zu früh einzustellen.
Man hackt in diesem Falle nur in den Mittags- und Nachmittags-
stunden, zu welcher Zeit die Blätter mehr schlaff sind und nicht so
leicht abbrechen. Wo man die Rübe in weiter Reihenentfernung auf
etwa 50 Zentimeter baut, kann die Hackmaschine länger verwendet,

Abb. 22. D-Hacke der deutschen Industrie-Werke A. G., Berlin Spandau

die Bearbeitung des Rübenfeldes gründlicher durchgeführt werden.
Diese Art der Bestellung erfordert auch die zeitliche Ausdehnung der
Hackarbeit. Mit der größeren Entfernung der Drillreihen wird doch
auch die Beschattung des Bodens durch die Blätter der Rübe erst
später erreicht, der Eintritt der Schattengare verzögert.

Es fehlte nicht an Versuchen, der Maschinenhacke noch ein
weiteres Feld der lohnenden Betätigung zu erschließen. So hat man
empfohlen, das Verhacken der Drillreihen mit den
Hackmaschinen vorzunehmen. Diese Art des Verhackens
(Durchhacken) bietet den großen Vorteil, daß diese wichtige Pflege-

arbeit schon viel zeitiger, ja selbst vor dem Auflaufen der Rübe, vorgenommen werden kann. An ein derartiges blindes Verhacken kann man nur da denken, wo der lückenlose Stand der Rübenreihen für jeden Fall mit vollster Gewißheit erwartet werden kann. Im allgemeinen ergibt ein Verhacken mit der Maschine stets mehr Fehlstellen als das Verhacken mit der Hand, daher diese Art der Verwendung der Hackmaschine auch nur selten zu finden ist.

Neu und beachtenswert ist auch der Versuch, durch ein kreuzweises Drillen einen Quadratverband der Rübe zu erzielen, um mit der Hackmaschine kreuz und quer arbeiten zu können. Man drillt hierbei die eine Hälfte der Samenmenge in der einen Richtung und die zweite Hälfte senkrecht zu diesen Reihen querüber. Das Hacken mit der Maschine kann dann in beiden Richtungen erfolgen. Da bei dem ersten Querüberhacken die Reihen schwer zu finden sind, kann

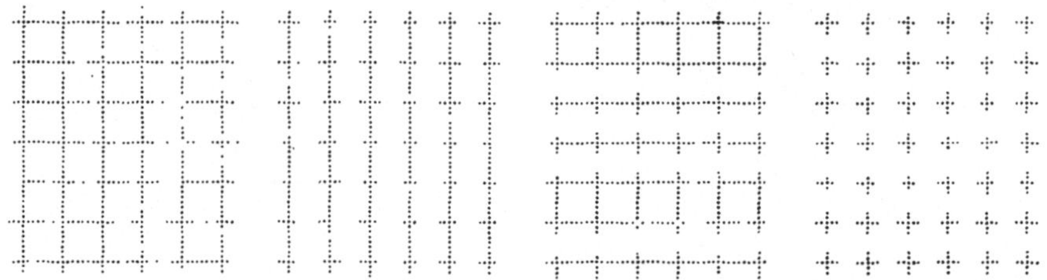

Abb. 23. Kreuz- und Querhacke (1. Überkreuz gedrillte Rübe. 2. Der Bestand nach der ersten Hacke 3. Der Bestand bei Belassung jeder vierten Reihe bei der ersten Hacke. 4. Kreuz- und Querverband nach der Kreuz- und Querhacke vor dem Vereinzeln)

man bei der ersten Hacke jede vierte Reihe als Führungsreihe für die Querüberhacke stehen lassen. Die Art des Arbeitsganges ist der von R e m y[1]) gegebenen bildlichen Darstellung des Arbeitsvorganges zu entnehmen, die wir in der Abbildung 23 bringen. Daß diese Anbaumethode nur da zum Ziele führen kann, wo die Rübe einwandfrei aufläuft und einen lückenlosen Stand zeigt, ist selbstverständlich. Vom Standpunkt der Arbeit der Maschinenhacke zeitigt sie den Nachteil, daß man mit den Hackmessern nicht so nahe an die Drillreihen heranrücken kann, als bei dem normalen Anbau, da die vereinzelten Rüben weder in der einen, noch in der anderen Richtung genau in den Drillreihen stehen. Auch ist zu bedenken, daß man bei großer Reihenentfernung von 40 bis 50 Zentimetern eine zu große Standweite der Rübe erhält, bei kleinerer Reihenentfernung aber jene Vorteile verlorengehen, die die größere Reihenentfernung bietet. Das Kreuzdrillen und Kreuz- und Querhacken wird daher in der Praxis nicht oder doch nur ganz ausnahmsweise befriedigende Ergebnisse zeitigen .

---

[1]) Th. R e m y: „Zur Lage des Zuckerrübenbaues", Berlin.

4. Behäufeln und Meißeln

Das Behäufeln der Zuckerrübe war ursprünglich eine unentbehrliche Pflegearbeit. Später ist man mehr und mehr davon abgekommen, die Rübe mit Erde anzuhäufeln und hat sich heute ganz allgemein und einheitlich die Ansicht herausgebildet, daß man mit dem Behäufeln mehr Schaden als Nutzen stiftet. Die Züchtungsergebnisse waren es, die diese Pflegearbeit überflüssig machten. Behäufelt man die Rübe, so erreicht man, wie die Erfahrung lehrt, bei unseren hochgezüchteten Rüben meist das Gegenteil von dem, was man anstrebt. Durch ein Bedecken des Rübenkopfes mit Erde entwickelt sich derselbe stärker, wogegen der Rübenkörper darunter leidet und das Rübengewicht etwas sinkt. Da man mit dem Behäufeln der Rübe die Oberfläche des Bodens vergrößert, so befördert man hiermit die Wasserverdunstung, eine Erscheinung, die insbesondere auf trockenen Böden außerordentlich unerwünscht ist. Man kann daher an ein Anhäufeln nur auf sehr feuchten Böden in niederschlagsreichen Gegenden denken. Unter derartigen Verhältnissen wird es jedoch zweckentsprechender sein, die Zuckerrübe im vornhinein auf Kämme zu stellen, die Kammbaumethode zu bevorzugen.

Das Meißeln der Zuckerrübe, worunter man ein tiefgreifendes Lockern des Bodens mit einem messerartigen Instrument, dem Meißel versteht, ist eine neu empfohlene Pflegemaßnahme, die im Zuckerrübenbau noch einer sorgfältigen Erprobung bedarf. Der Gedankengang, den in schweren Böden festgepackten Rüben in ihrem letzten Wachstumstadium eine Entspannung des Bodens zu schaffen und gleichzeitig durch dieses tiefere Aufreißen des Bodens den Niederschlägen einen raschen Zutritt zu den unteren Bodenschichten zu ermöglichen, kann gewiß nicht im vorhinein als verfehlt bezeichnet werden. Anderseits kann diese Arbeit gewiß nur auf sehr schweren Böden von Nutzen sein, auf welchen sie jedoch einen sehr großen

Abb. 24. Dr. Kuhn's Bodenmeißel

Kraftaufwand erfordert und nicht leicht durchführbar ist. Auch ist es sehr fraglich, ob der Vorteil, den das Meißeln der Zuckerrübe verspricht, nicht weitaus geringer ist, als der Schaden, den man hierbei durch das Zerreißen des feinen, so vielverzweigten Wurzelsystems der Rübe stiftet. Man wird aus diesem Grunde zwar danach trachten, mit der Hacke den Boden zwischen den Rübenreihen tiefer und tiefer zu lockern, bis man womöglich eine krümelnde Schichte von fünf bis sechs Zentimeter geschaffen hat, doch ein tieferes Lockern der Ackerkrume mit dem Meißel nur da vornehmen, wo man in einwandfreien

Versuchen, die günstige Wirkung dieser Pflegearbeit bereits unzweifelhaft feststellen konnte.

Man kann an dem Meißel auch, in beliebiger Tiefe, ein kleines gänsefußartiges Hackmesser zur Lockerung der obersten Bodenschichte anbringen, wie aus der Abbildung 24 ersichtlich ist.

VII. Die Krankheiten und Feinde der Zuckerrübe

Es kann nicht die Aufgabe der vorliegenden kleinen Arbeit sein, die K r a n k h e i t e n   u n d   F e i n d e   d e r   Z u c k e r r ü b e eingehender und lückenlos aufzuzählen und zu besprechen. Sie sollen jedoch nicht vollkommen unerwähnt bleiben, da ihnen jeder Rübe bauende Landwirt die größte Beachtung schenken muß. Sobald die Zuckerrübe Krankheitserscheinungen zeigt oder die kleinen Feinde der Zuckerrübe in gefahrdrohender Weise zunehmen, wird sich jeder Landwirt darüber in gründlichster Weise informieren müssen, wie er den drohenden Schaden abwenden oder einschränken kann. Leider sind die Mittel, die uns zur Bekämpfung der Krankheiten und zur Abwehr der Schädlinge der Zuckerrübe zur Verfügung stehen, nicht immer Erfolg versprechend.

Im Kampf gegen die Krankheiten und Feinde der Zuckerrübe wird man vor allem trachten müssen, a l l e   G r u n d b e d i n g u n g e n   z u   s c h a f f e n ,   d i e   e i n   r a s c h e s   u n d   f r e u d i g e s   G e d e i h e n   d e r   j u n g e n   R ü b e n p f l ä n z c h e n   s i c h e r s t e l l e n .   Bieten wir der Rübe günstige Bedingungen für das rasche Auflaufen, sorgen wir dafür, daß ihr im ersten Wachstumstadium genügende Mengen leicht aufnehmbarer Nährstoffe zur Verfügung stehen und die nötigen Pflegearbeiten rechtzeitig und zweckentsprechend durchgeführt werden, so erhöhen wir die Wachstumsfreudigkeit und hiermit die Widerstandsfähigkeit der Rübe gegen ihre Feinde und Krankheiten.

1. Der Wurzelbrand

Die gefürchtete Krankheit des Wurzelbrandes wird hauptsächlich durch den Pilz Phoma betae hervorgerufen, der auch auf den oberirdischen Teilen der Rübe vorkommt, daher mit dem Samen übertragen werden kann. Man schützt sich gegen das Einschleppen dieses Pilzes durch Beizen des Samens mit Betanal, Germisan oder Uspulun.

Es sind jedoch auch die Pilze Aphanomyces laevis und Phythium debaryanum, die vom Boden aus die jungen Pflänzchen befallen und die gleichen Krankheitserscheinungen hervorrufen.

Der Wurzelbrand befällt die Pflanzen in ihrem jüngsten Wachstumstadium. Nicht selten beginnt die Krankheit schon bald nach dem

Auskeimen des Samens und vernichtet die Pflänzchen, noch ehe sie den Boden durchbrechen. Die Wurzeln der erkrankten jungen Rübenpflanzen werden schwarz und verdünnen sich fadenförmig, daher man die Krankheit auch als „Schwarzbeinigkeit" bezeichnet oder von einer „Fädigkeit der Wurzeln" spricht. Meist treibt das vom Wurzelbrand befallene Rübenpflänzchen noch einige Blätter und geht dann zur Zeit des Verziehens ein. Übersteht die Pflanze die Krankheit, so bleibt sie doch im Wachstum stark zurück, die Wurzeln zeigen oft Mißbildungen und ihr Zuckergehalt ist ein geringer. Sobald die jungen Rüben sechs Blätter haben, ist die Gefahr einer Krankheit vorüber. Abgesehen von dem Beizen des Samens, das für jeden Fall nur vorteilhaft sein kann, hat man dafür zu sorgen, daß alle Grundbedingungen für ein möglichst rasches Auflaufen der Saat und eine freudige Entwicklung der jungen Rübenpflanzen geschaffen werden.

Nach R o e m e r[1]) können unter europäischen Verhältnissen für die Beizung des Rübensamens gegen Wurzelbrand empfohlen werden: B e t a n a l 0·75 Prozent ein bis zwei Stunden oder 1·5 Prozent fünf Minuten lang, ein Kilogramm Betanal für 100 Kilogramm Rübensamen. Bei „Kettenbeize", das heißt bei mehrfacher Benützung der Beizflüssigkeit ohne Wechsel, sind die angegebenen Betanalmengen auf ein Prozent bzw. 1·75 Prozent zu erhöhen. G e r m i s a n und U s p u l u n, beide in 0·25prozentiger Lösung eine Stunde lang mit einen Kilogramm je 100 Kilogramm Samen. Beim Beizen soll der Samen in lockere Säcke gefüllt werden, da er sonst auf der Beizflüssigkeit schwimmt. Den Mitteln wird nachgerühmt, daß sie auch stimulierend, fördernd auf den Aufgang der Rübe wirken. Es ist nicht unwahrscheinlich, daß die B e t a n a l - T r o c k e n b e i z e die Naßbeize ersetzen kann. Das Verfahren würde den Vorteil bieten, daß der gebeizte Rübensamen aufbewahrt werden könnte.

2. Die Herz- und Trockenfäule

Die Krankheit zeigt sich in der Periode der Trockenheit im Juli und August. Die Blätter im Herz der Rübe sterben ab und werden schwarz. Nicht selten erkrankt der ganze Rübenkopf und auch der Rübenkörper, auf welchem sich braungrau verfärbte Flecke bilden, die schließlich zu einer Vernichtung eines großen Teiles der Rübe führen können.

Die Herz- und Trockenfäule scheint eine sogenannte physiologische Krankheit zu sein, die insbesondere auf alkalisch reagierenden Böden auftritt. Verkrustung und Trockenheit fördern die Erkrankung, somit der Landwirt trachten muß, dem Boden die Feuchtigkeit zu

---

[1]) Th. R o e m e r: „Handbuch 'des Zuckerrübenbaues" a. a. O. S. 295.

erhalten und jeder Krustenbildung vorzubeugen. Die Krankheit wird von einem Pilz (Phoma betae) begleitet, der jedoch nicht als Erreger der Krankheit anzusehen ist. Einzelne Rübensorten sollen für diese allgemein verbreitete Krankheit weniger empfänglich sein.

3. Der Jugendschorf

Die Zuckerrübe weist nicht selten schon in ihrem Jugendstadium Schorfbildung auf, die sich später oft ausheilt oder auch eine Verkümmerung der Pflanze nach sich ziehen kann.

4. Der Gürtelschorf

Der Gürtelschorf wird anscheinend durch verschiedene Arten der Pilzgattung Actinomyces hervorgerufen. Der Pilz verursacht eine vermehrte Korkbildung an der Oberschichte der Rübe, die schließlich reißt. Eine gute Durchlüftung des Bodens, gründliche Bodenbearbeitung, werden als wirksame Vorbeugungsmaßnahmen empfohlen.

5. Der Pustelschorf

Der Krankheit, die durch ein Bakterium verursacht wird, kommt keine größere Bedeutung zu, da sie nur selten nennenswerte Schäden verursacht. Das Krankheitsbild ist ein ähnliches, wie bei der bekannten Schorfkrankheit der Kartoffeln. Feuchter Boden begünstigt die Entwicklung der Krankheit.

6. Die Rübenschwanzfäule

Ende Juni, oft selbst später, verfärbt sich die Rübe beginnend an der Spitze der Wurzel. Die Krankheit ergreift bald den unteren Teil des Rübenkörpers, der eine schwarzgraue Farbe annimmt, welk wird und schließlich abstirbt. Da die Krankheit, bzw. die Fäule von unten nach oben aufsteigt, ist sie leicht zu erkennen. Mit der fortschreitenden Erkrankung der Wurzel werden die Blätter welk und gelb. Die erkrankte Rübe ist arm an Zucker.

Die Krankheit dürfte durch Bakterien verursacht werden und stehen uns keine Bekämpfungsmittel zur Verfügung.

7. Die Rotfäule

Die Krankheit ist in manchen Gegenden ziemlich verbreitet, stiftet jedoch nur selten größeren Schaden. Sie wird durch einen Pilz Rhizoctonia violacea verursacht, der an dem unteren und mittleren Rübenkörper in Form eines rotvioletten Überzuges in Erscheinung tritt. Das Mycel des Pilzes wird immer dichter, breitet sich aus und kann der Pilzbefall schließlich auch zu einer Fäulnis des Rübenkörpers führen.

Der Pilz befällt auch Möhren, Luzerne und ist auch auf manchen Unkräutern zu finden. Da sich dieser „rote Schimmel" an den Rüben zumeist an wenig umfangreichen Stellen des Rübenfeldes zeigt, so wird empfohlen, die ersterkrankten Pflanzen bald zu entfernen, den Boden umzustechen und stark zu kalken. Wirtschaftlich begründet dürfte diese Maßnahme nur da sein, wo die Rotfäule nicht schon verbreitet ist und nicht alle Jahre auftritt.

8. Der Wurzelkropf

Durch die Einwirkung von Bakterien (Bacterium tumefaciens) entstehen am oberen Teil des Rübenkörpers kropfartige Auswüchse. Der Krankheit fällt keine besondere Bedeutung zu, obwohl die befallenen Rüben zuckerärmer sind.

9. Der Rübenrost

Der Rübenrost wird durch einen Pilz (Uromyces betae) verursacht und ist der Befall der Rübenblätter nur selten ein so starker, daß man mit einem wesentlichen Schaden rechnen muß.

10. Der falsche Meltau

Diese Krankheit, auch Kräuselkrankheit der Blätter genannt, wird durch einen Pilz (Peronospora Schachtii) hervorgerufen. Sie tritt im Mai oder Juni auf den jungen Herzblättern auf. Die Blätter bekommen eine gekräuselte Form und sterben später ab. Die Krankheit bringt nur selten eine schwerere Schädigung des Rübenbestandes mit sich.

Da der Pilz am Kopf der Rübe überwintert, kann er den Samenrüben gefährlich werden und wird in diesem Fall der Kampf gegen denselben durch Bespritzen mit Kupfervitriol-Kalkbrühe (Bordeauxbrühe) aufzunehmen sein.

11. Die Blattfleckenkrankheit

Die Blattfleckenkrankheit wird durch den Pilz Cercospora beticola verursacht. Sie tritt in manchen Ländern in besorgniserregender Weise auf und verursacht oft schwere Erntedepressionen; so zum Beispiel in Oberitalien, Ungarn, Rumänien usw. auch in einigen Rübe bauenden Distrikten von Nordamerika (Colorado). In Deutschland hat sie bisher keinen nennenswerten Schaden gestiftet.

Die Krankheit wird durch die Sporen des Pilzes verursacht, die auf den Zuckerrübenblättern auskeimen, wobei der Keimschlauch durch die Spaltöffnungen des Blattes eindringt. Im Blatt entstehen kleine Flecken, die sich dann rasch ausbreiten können, bis schließlich die befallenen Blätter vollkommen absterben. Die Rüben treiben dann neue Blätter, doch erkranken später auch diese, wodurch die Rübe in ihrer Entwicklung zum Stillstand kommt und der Zuckergehalt der Rüben zurückgeht.

Die Krankheit beginnt meist Ende Juni, anfangs Juli. Als Bekämpfungsmittel dient ein wiederholtes Bespritzen der Zuckerrübe mit 1· bis 1·5prozentiger Kupferkalkbrühe. Das Bespritzen der Rübe, zu welchem gute Peronosporaspritzen zu verwenden sind, muß vorgenommen werden, noch ehe die Blätter von der Krankheit befallen wurden und ist dann in Zwischenräumen von 20 bis 25 Tagen zu wiederholen. Das von Cercospora befallene Rübenkraut soll nach der Ernte sorgfältigst vom Felde entfernt, nicht aber untergepflügt werden[1].

12. Die Blattbräune

Es ist ein Pilz (Clasterosporium putrefaciens), der diese Krankheit des Rübenblattes verursacht. Da die Krankheit erst im Spätsommer und im Herbst und nahezu ausschließlich auf den alten Blättern auftritt, die ohnehin ihrem Absterben entgegengehen, so stiftet sie keinen nennenswerten Schaden und hat keine wirtschaftliche Bedeutung.

13. Die Rübenmüdigkeit

Es sind die Nematoden, das Rübenälchen (Heterodera Schachtii) ein kleiner Fadenwurm, die die Rübenmüdigkeit verursachen. Eine starke Vermehrung der Rübennematoden wurde meist durch eine zu rasche Wiederkehr der Rübe auf dem gleichen Feld verursacht. Sobald man die Ursache der Rübenmüdigkeit erkannte und die Zuckerrübe nur jedes vierte Jahr oder in sechs Jahren nur zweimal baute, ist die Erscheinung der Rübenmüdigkeit stark zurückgegangen.

Das Vorhandensein von Nematoden erkennt man an dem Welkwerden der äußersten Blätter, an dem üppigen Wachstum der Saugwurzeln, an den feinen, quarzsandähnlichen, kleinen weißen Pünktchen an den Wurzeln. Es sind dies die weiblichen Tiere, die mit ihrem Vorderteil in der Rübenwurzel stecken, während der Hinterleib, in dessen Innerem sich die Eier entwickeln, herausragt.

Von den Bekämpfungsverfahren verdient vor allem die Wahl einer zweckentsprechenden Fruchtfolge die weitgehendste Beachtung des Zuckerrübe bauenden Landwirtes. Man baut die Fruchtfolge derart auf, daß aus derselben alle Pflanzen, die als „Wirtspflanzen" der Nematoden anzusehen sind (Hafer, Samenrübe, Raps, Rübsen usw.), vollkommen ausgeschaltet und möglichst viele „Feindpflanzen" der

---

[1] Hatvani báró: „A czukorrépá cercospora betegsége elleni vedékezés", Köztelek 1927. 40 szam.

Nematoden (Zichorie, Roggen, Luzerne, Mais, Kleearten, Esparsette, Wicken usw.) in dem Umlauf miteinbezogen werden. Es darf jedoch nicht übersehen werden, daß es anscheinend verschieden geartete Nematodenstämme gibt, Nematoden, die auch die Gerste stark befallen und Hafernematoden, die der Rübe nicht gefährlich werden. Man hat somit die Fruchtfolge den im eigenen Betrieb gemachten Beobachtungen anzupassen.

Der Kampf gegen die Nematoden wird, abgesehen von einer zweckentsprechenden Fruchtfolge, am erfolgversprechendsten durch frühzeitige starke Aussaat geführt. Das Verhacken und Vereinzeln muß möglichst zeitlich erfolgen. Versäumt man die richtige Zeit für diese Arbeit, so ist mit einer starken Vermehrung der Nematoden zu rechnen.

Als weiteres Bekämpfungsverfahren kommt die F a n g p f l a n z e n m e t h o d e von Julius Kühn, die B e r n e b u r g e r Ü b e r s c h u ß d ü n g u n g, die c h e m i s c h e n V e r f a h r e n und neuere Verfahren, die noch nicht genügend erprobt sind, in Betracht. Rüben bauende Landwirte, die auf mit Nematoden verseuchten Böden arbeiten, müssen sich mit der Lebensweise dieses Schädlinges, seinem Verhalten gegenüber den einzelnen Feldpflanzen und mit den so überaus zahlreichen Bekämpfungsversuchen vertraut machen, um den Kampf mit diesem Schädling mit Aussicht auf Erfolg aufnehmen zu können.

14. Der Drahtwurm

Der Drahtwurm, die Made des Saatschnellkäfers, ist ein jedem Rübe bauenden Landwirt bekannter Schädling. Er soll sich fünf Jahre im Boden aufhalten und wird den Rüben insbesondere in ihrem Jugendstadium gefährlich.

Kalkdüngung, Drainage, Kammbau sind die Mitteln, die im Kampf gegen diesen Schädling empfohlen werden. H o l l r u n g und H o l d e f l e i ß haben durch Eingraben von Kartoffelstücken, die in gleichen Abständen von etwa einem halben Meter einige Zentimeter tief in die Erde eingelegt und nach 24 Stunden mit den eingewanderten Drahtwürmern aufgelesen werden, sehr beachtenswerte Erfolge erzielt.

15. Der Engerling

Der Engerling des Maikäfers verursacht in manchen Gegenden und manchen Jahren sehr wesentlichen Schaden durch das Benagen der jungen Rübenwurzeln. Wo ein Engerlingschaden zu erwarten ist, baut man die Rübe dichter an und sammelt die Engerlinge mit Kindern ein. Ihre Fraßstellen sind an dem Welkwerden der Rübenblätter zu erkennen. Auch sind alle Mittel geboten, die eine rasche und freudige Entwicklung der Rübe fördern.

Eine wirksame Bekämpfung der Engerlingplage ist nur durch eine gemeindeweise, behördlich angeordnete, systematische Vertilgung der Maikäfer zu erzielen. Daneben sind die Feinde der Engerlinge, Maulwürfe, Saatkrähen usw. zu schützen.

16. Die Rübenfliege

Die Rübenfliege, Pegomyia hyoscyami, ähnelt der Stubenfliege und stiftete in den letzten Jahren in verschiedenen Gegenden Deutschlands recht empfindlichen Schaden. Im Frühjahr kommt die erste Generation aus der Erde und legt bald nach ihrem Erscheinen an der Unterseite der Blätter kleine Gruppen weißer Eier ab. Schon nach wenigen Tagen entschlüpfen diesen Eiern die Larven und bohren sich in das Blatt ein. Sobald sie erwachsen sind, verpuppen sie sich zu einem braunen Tönnchen und bringen in wenigen Wochen eine zweite Generation, manchmal eine dritte Generation, hervor.

Die befallenen Blätter zeigen ein blasig aufgetriebenes, glasig durchscheinendes Aussehen, bis sie schließlich vertrocknen. Die Made und ihre Exkremente sind im durchfallenden Licht unschwer festzustellen.

Im Kampf gegen die Rübenfliege baut man die Rübe dicht an und trachtet durch rechtzeitiges Verziehen die befallenen Pflanzen zu vernichten. Es genügt zu diesem Zweck ein rasches Abtrocknen der Pflanze an der Sonne. Man versucht sie auch durch Aufspritzen einer Lösung von Arsen und Zucker oder Fluornatrium zu bekämpfen. Vertilgen aller Unkräuter, das Vermeiden einer Jauchedüngung oder Fäkaldüngung, sind Maßnahmen, die den Kampf gegen die Rübenfliege unterstützen.

17. Die Rüsselkäfer

Die Rüsselkäfer sind in manchen Gegenden der wärmeren Gebiete sehr gefürchtete Feinde der Zuckerrübe. Es sind insbesondere der Derbrüßler, Cleonus punctiventris und Cleonus sulcirostris, doch auch der Lappenrüßler, Otiorhynchus ligustici, die in großen Massen auftreten und die junge Rübe, bald nach dem Auflaufen der Saat, vollkommen vernichten können.

Wo die Rüsselkäfer alljährlich die jungen Rübenpflanzen mit Vernichtung bedrohen, wird der Kampf gegen dieselben mit allen verfügbaren Mitteln geführt. Es zählen zu diesen Mitteln: Das Anlegen von 30 Zentimeter breiten und 30 Zentimeter tiefen Fanggräben am Rande der Rübenfelder mit senkrechten Seitenwänden, ferner stärkerer frühzeitiger Anbau und verstärkter Anbau der Querwände der Rübenfelder, wo man die Rübe als Fangpflanzen benützt, Bespritzen der Rübe mit Chlorbariumlösung oder Schweinfurtergrünbrühe und

Einsammeln der Rüsselkäfer durch Kinder. Wo diese Bekämpfungsmittel rechtzeitig und sinngemäß verwendet werden, führen sie mit seltenen Ausnahmen zu einem vollen Erfolg.

18. Der Rübenaaskäfer

Die Larven der beiden Aaaskäferarten, Blitophaga undata und Blitophaga opaca (nicht Silpha atrata, wie man früher annahm), fressen im Frühjahr die jungen Blätter der Rübe oft so stark ab, daß nur noch die Blattrippen übrig bleiben. Die glänzend schwarzen Tiere, die nach hinten zu schmäler werden, haben zwölf Körperringe, kommen etwa im Mai zum Vorschein, entwickeln auf den Blättern eine erstaunliche Freßlust und ziehen sich nach zwei bis drei Wochen in den Boden zurück, wo sie ihre Entwicklung zum Käfer durchmachen.

Als Bekämpfungsmittel wird das Bestäuben mit Arsenmitteln und das Bespritzen mit verdünnter Petroleumseifenlösung empfohlen. Ab und zu kann auch ein verspätetes Verziehen und intensives Behacken der Rübe den Schaden mildern.

19. Der Schildkäfer

Der nebelige Schildkäfer, Cassida nebulosa, sowie seine Larven, fressen meist im Monat Juni Löcher in das Rübenblatt. Dieser Schädling tritt insbesondere in trockenen Jahren da auf, wo sich seine eigentlichen Nährpflanzen, die Melden und Gänsefuß-Arten, vorfinden. Es ist daher wichtig, die Melden und den Gänsefuß restlos zu vertilgen. Als Bekämpfungsmittel werden die gleichen Mittel empfohlen, die man im Kampf gegen den Aaskäfer gebraucht.

20. Die Rübenblattwanze

Diese Blattwanze, Piesma quadrata, kann bei massenhaftem Auftreten die jungen Rübenpflanzen vollkommen vernichten und die entwickelten Rüben nicht unwesentlich schädigen. Die etwa $3^{1}/_{2}$ Millimeter große Wanze ist grau mit schwärzlichen Zeichnungen, wandert aus ihren Schlupfwinkeln (Waldränder, Raine) im Frühjahr aus, befällt vorerst meist die Melden und später die Rübenfelder. In den Rübenfeldern wird der Schaden vorerst an den Feldrändern fühlbar, bis er schließlich mehr und mehr am ganzen Felde in Erscheinung tritt. Man vertilge die Schlupfwinkeln. Man kann auch angrenzend an dieselben (Waldrand, Remisen) einen Streifen frühzeitig und dicht gebaute Rübe als Fangpflanzen benützen, die man nach dem Befall unterpflügt oder nach A p p e l[1]) mit dem Bekämpfungsmittel „Rimex"

---

[1]) O. A p p e l: „Krankheiten der Zuckerrübe", P. Parey, Berlin 1926.

der Firma Merk-Darmstadt, bespritzt. Das ganze Feld zu bespritzen wäre zu teuer.

21. Die Blattlaus

Die Blattlaus, die die Zuckerrübe befällt, Aphis fabae, vermehrt sich bei trockenem Wetter sehr rasch. Seitdem man den Winterwirt dieser Laus kennt, versucht man durch Vernichtung des Spindelbaumes oder Pfaffenhütchen, das Auftreten der Läuse zu unterdrücken, doch zeitigte diese Maßnahme keinen durchschlagenden Erfolg, da die Läuse auf sehr weite Strecken übertragen werden. Sobald die ersten Blätter von Läusen befallen werden, kann ein Ausbrechen und Vernichten derselben von Vorteil sein, doch stehen dieser Maßnahme meist wirtschaftliche Bedenken gegenüber. Das Bespritzen mit Tabakseifenlösung oder Quassia-Seifenlösung zeitigt auch meist keinen vollen Erfolg, da die Läuse an der Unterseite der Blätter sitzen und eine Kräuselung des Blattes verursachen, die sie schützt.

Im Rübensamenbau, der durch die Blattläuse sehr schweren Schaden erleiden kann, wird man allen Bekämpfungsmethoden die größte Aufmerksamkeit zuwenden müssen.

22. Die Erdraupe

Als Erdraupe bezeichnet der Rübenbauer meist die graue Raupe der Wintersaateule (Agrotis segetum). Es sind dies etwa vier bis fünf Zentimeter lange und einen halben Zentimeter dicke Raupen, die sowohl die Blätter schädigen, als auch flache Löcher aus der Rübe herausfressen. Ab und zu tritt auch die Raupe des Gammaeule (Plusia gamma) in großen Massen auf.

Von den verschiedenen Mitteln, die gegen diese Schädlinge empfohlen werden, bietet keines die Gewähr für einen durchgreifenden Erfolg.

VIII. Die Ernte der Zuckerrübe

Die Ernte der Zuckerrübe stellt den Landwirt vor eine Reihe schwieriger Aufgaben. Er hat den Zeitpunkt festzustellen, zu welchem mit der Rodung der Rüben begonnen werden soll, falls er sich diesbezüglich nicht dem Diktat der Zuckerfabrik freiwillig unterordnet. Er muß sich entscheiden, wie lange er die Erntearbeit hinausziehen darf, ohne ein zu großes Risiko zu übernehmen. Er soll sich über die Art und Weise, in welcher die Erntearbeit in zweckentsprechendster Weise vorzunehmen ist, ein klares Bild schaffen und den unentbehrlichen Einklang zwischen der Zahl der zur Verfügung stehenden Arbeitskräfte und der mit der Rodung verbundenen Arbeitsleistung herstellen. Die Lösung dieser Aufgaben wird ganz wesentlich dadurch erschwert, daß die Witterung alle sorgfältigst durchgeführten Berechnungen über den Haufen wirft und den Landwirt ganz unerwartet vor neue Aufgaben stellen kann.

Der Beginn der Ernte ist eigentlich mit dem Zeitpunkt gegeben, zu welchem die Zuckerrübe ihre Entwicklung abgeschlossen hat und nicht mehr so viel Zucker einlagert, als sie durch die Atmung verbraucht. Dieser Zeitpunkt ist nicht selten, insbesondere in trockenen Lagen und wärmerem Klima, durch ein herbstliches Verfärben der Rübenblätter deutlich erkennbar. Auf Böden, die der Rübe reichlichst Nährstoffe und genügende Mengen an Wasser zur Verfügung stellen, kann jedoch von einer eigentlichen Reife der Rübe nicht gesprochen werden. So rechnet man zum Beispiel in Mitteldeutschland im Monate Oktober im Durchschnitt der Jahre und bei sonnigem Wetter, noch mit einer Gewichtszunahme von 10 bis 15 Doppelzentner Zuckerrübe pro Woche je Hektar, wobei der Zuckergehalt der Rübe im gleichen Monat noch um ein Prozent zunehmen kann. Erst wenn die durchschnittliche Lufttemperatur unter sechs Grad Celsius sinkt, hört die Assimilation auf, wogegen die Atmungstätigkeit selbst bei Frost nicht vollkommen ruht. Landwirte und Zuckerfabriken sind daher meist daran interessiert, die Ernte der Rübe nicht zu früh zu beginnen, dabei aber anderseits doch gezwungen, den Beginn dieser Arbeit nicht zu spät anzusetzen, um die Rodung und die Verarbeitung der Rübe rechtzeitig beenden zu können. Je eher man mit den Erntearbeiten beginnt, desto größer wird die Zahl der Tage, die für die Erledigung dieser Arbeit zur Verfügung stehen. Gewinnt man Zeit für die Erntearbeit, so kann man mit weniger Arbeitskräften das Auslangen finden, wodurch die Arbeit meist auch verbilligt wird. Auch der Wunsch, mit der schweren Arbeit des Abtransportes der Rübe beginnen zu können, solange das Feld und die Feldwege noch leichter zu befahren sind, veranlaßt nicht selten zu einem zeitlicheren Beginn der Rübenernte. In Betrieben, in welchen man nach der Zuckerrübe zum Teil noch Winterweizen bauen will, muß mit dem Roden der Rübe besonders zeitlich begonnen werden. Auch eine Reihe anderer den örtlichen Verhältnissen entspringende Einflüsse können bei der Wahl dieses Zeitpunktes mitbestimmend sein. Es sind somit zumeist w i r t s c h a f tl i c h e Gesichtspunkte, die bei der Lösung dieser Frage von ausschlaggebender Bedeutung sind.

Der Abschluß der Rodearbeit soll vor dem Zeitpunkt erfolgen, zu welchem ein andauerndes Frostwetter eintreten könnte. Kleinere Frühfröste schädigen die noch in der Erde befindliche Rübe nicht. Sie behindern jedoch die Erntearbeit, da man bei Frostwetter das Roden der Rübe einstellen muß.

Das Roden der Zuckerrübe kann mittelst Handarbeit, mittelst Maschinen oder im Sinne der neuen Rübenrodeverfahren erfolgen.

1. Ernte mit der Hand

Die Ernte der Zuckerrübe wird in sehr vielen Betrieben noch ausschließlich mittelst Handarbeit durchgeführt. Die Arbeit mit der Hand ist einfach, bietet unter normalen Witterungsverhältnissen keine Schwierigkeiten, vorausgesetzt, daß der Betrieb über genügend Arbeitskräfte verfügt. Der Arbeitsgang zerfällt in drei Teile:

1. Das Heben der Rübe.
2. Das Köpfen der Rübe.
3. Das Zusammenlegen der Rübe in kleine Haufen.

Das **Heben der Rübe** wird mittelst des Spaten oder der Rübenerntegabel (Abbildung 25) vorgenommen. Auf leichteren Böden verdient der Spaten, auf schweren, trockenen Böden der gabelförmige Rübenheber den Vorzug. Auf schweren Böden ist das Anheben der Rübe eine ausgesprochene Männerarbeit. Es ist darauf zu achten, daß die Rüben durch das Werkzeug nicht verletzt werden.

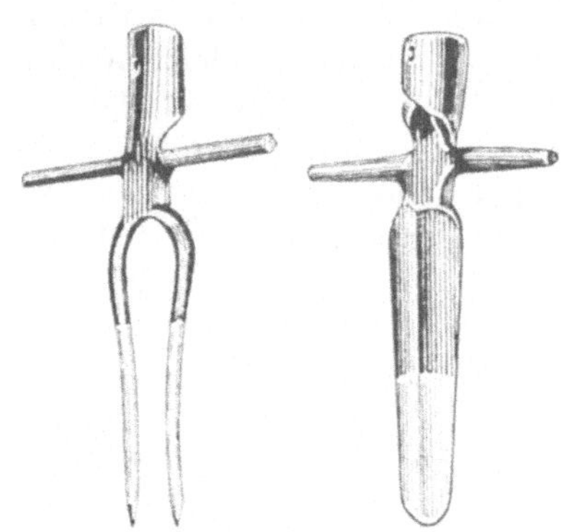

Abb. 25. Rübenerntegabel und Rübenspaten

Abb. 26. **Köpfgeräte für gerodete Rüben** (Beil, Messer, Sichel, Köpfspaten)

Das **Köpfen der Rübe** erfolgt mit einem schweren Hackmesser oder einem anderen hierzu geeigneten Instrument knapp unterhalb des Blattansatzes. Von den so überaus verschiedenartigen Typen des **Rübenbeiles** ist nach **Seebaß**[1]) die in Abbildung 26, Figur 1, abgebildete Type mit einem Gewicht von 450 bis 500 Gramm deshalb vorteilhaft, da das Schwergewicht in der Spitze des Beiles liegt. Um mit einem **Köpfspaten** (Abbildung 26, Figur 4) richtig arbeiten zu können, müssen die gerodeten Rüben in Reihen gelegt werden, eine Arbeit, die nicht lohnt. **Die Rübensichel** ist nicht wie die Getreidesichel aus Stahlblech, sondern aus Stahl, hat ein Gewicht von etwa 200 bis 250 Gramm und ist insofern für die Köpfarbeit gut geeignet, als mit der Sichelspitze die Rübe angehackt und so der linken Hand leicht zugeführt werden kann. Das Köpfen muß sehr

---

[1]) E. O. Seebaß: „Geräte und Arbeitsstudie beim Zuckerrübenbau" a. a. O.

sorgfältig an der richtigen Stelle mit einem glatten Schnitt erfolgen. Ein zu starkes Köpfen der Rübe ist unwirtschaftlich, ein zu schwaches Köpfen ist für die Verarbeitung der Rübe von Nachteil. Auch treiben

Abb. 27. Zweireihiger Rübenheber der Fa. Fr. Dehne, Halberstadt

schlecht geköpfte Rüben bei längerem Lagern in der Miete aus, wodurch Verluste an Gewicht und Zucker entstehen.

Die geköpften und von der Erde gereinigten Rüben werden in Haufen gebracht oder unmittelbar verladen. Die Rübenhaufen sind

Abb. 28. Zehnreihiger Rübenheber der Fa. J. Kemna, Breslau

sorgfältig in gerade Reihen zu legen, um die Abfuhr zu erleichtern und falls dies wünschenswert erscheint, zwischen den Reihen auch ackern zu können.

Die drei Arbeiten sind in einem Arbeitsgang von den gleichen Personen unmittelbar hintereinander zu erledigen. Die Arbeit wird am besten im Akkord entlohnt, wobei sich einige, etwa drei bis vier Leute (Männer und Frauen) in eine Gruppe zusammenschließen. Sehr gut bewährt sich hierbei der Familienakkord. Der Akkordsatz wird nach der Flächeneinheit (Morgen, Joch), nicht selten auch nach der Menge der gerodeten Rüben (Rübenkisten) festgesetzt. Die Verwendung von Rübenkisten ohne Boden bietet den Vorteil, daß die Arbeiter danach trachten, keine Rüben abzureißen, da lange Rüben die Kisten rascher füllen. Auch wird bei dieser Methode eine vollkommen gleiche Größe der Rübenhaufen erzielt, wodurch der Überblick über die Höhe

Abb. 29. Zweireihige Rübenköpfmaschine der Fa. W. Siedersleben & Co., Bernburg

der Rübenerträge und die Kontrolle der Rübenabfuhr wesentlich erleichtert wird.

Die Ernte mit der Hand bietet den Vorteil, daß der Boden wenig aufgewühlt wird. Die Abfuhr der Rübe wird hierdurch erleichtert. Die Blätter können sehr sorgsam gewonnen werden, sie werden weniger beschmutzt.

In Betrieben, in welchen es zur Zeit der Rübenernte an Arbeitskräften fehlt oder aber in normalen Jahren der schwere Boden so sehr verhärtet, daß bei dem Roden mit der Hand viele Rüben abgerissen werden, leisten die R ü b e n h e b e r und R ü b e n r o d e p f l ü g e gute Dienste (Abbildung 27 und 28). Man hat Rübenheber für Gespanne und Seilzug, Rübenheber, die einseitig arbeitend die Rüben in einer Tiefe von etwa 25 bis 27 Zentimeter untergreifen und anheben und Rübenheber, die zweiseitig arbeitend, nur 12 bis 15 Zentimeter tief eindringen und die Rüben dicht unterhalb ihres größten Durchmessers seitlich anheben und lockern.

Mit der Verwendung derartiger Rübenheber läßt sich die Rübenernte beschleunigen. Es werden weniger Rüben abgerissen und beschädigt, auch kann man das Roden der Rübe mit schwächeren Arbeitskräften bewältigen. Wird durch die Rübenheber der Boden stark aufgewühlt, so kann hierdurch die Abfuhr der Rübe vom Feld wesentlich erschwert werden. Ist mit der Verwendung der Rübenheber auch zumeist keine Verbilligung der Rodearbeit zu erzielen, so kann ihre Anwendung in vielen Fällen doch wirtschaftlich dringend geboten sein.

2. Maschinelle Rübenernte

Seit Jahrzehnten ist man bestrebt, Maschinen zu konstruieren, die die Handarbeit in der Rübenernte auf ein Minimum beschränken. Es ist jedoch erst in den letzten Jahren gelungen, dieses Problem zu lösen, und zwar in erster Reihe der Firma W. Siedersleben & Co., Bernburg, und der Maschinenfabrik Walter & Kuffer in Schweinfurt am Main.

Die Siederslebener Rübenerntemaschine wird derzeit in folgenden Ausführungen hergestellt:

1. Zweireihige Rübenköpfmaschine. Die Maschine köpft die im Boden stehenden Rüben. Sie ist sehr leichtzügig, so daß zur Bespannung zwei mittelstarke Pferde genügen. Die Steuerung und Bedienung der Maschine kann durch den Kutscher geschehen. Die Maschine leistet bei einer Rübenentfernung von 50 Zentimeter annähernd zwei Hektar im Tag. Um das Kraut für die Rodemaschine beiseite und auf kleine Haufen zu bringen, sind vier bis sechs Frauen nötig. Die Maschine arbeitet nicht nur in Verbindung mit dem Siederslebener Roder, sie kann auch zur Ergänzung der Pommritzer- oder anderer Rodeverfahren dienen.

2. Zweireihige Rodemaschine. Die Maschine rodet die geköpften Rüben, klopft die Erde ab und legt die Rüben in einer Reihe ab. Als Zugkraft werden vier bis sechs Zugtiere benötigt oder besser ein stärkerer Traktor. Ist die Zugmaschine stark genug, zum Beispiel ein Raupenschlepper von 28 Pferdekräften, so kann gleichzeitig die Köpfmaschine seitlich mit angehängt werden.

Die Bedienung der Rodemaschine besorgt ein Gespannführer und ein Steuermann. Um die abgelegten Rüben auf kleine Häufchen zu sammeln sind vier bis sechs Personen nötig. Die Tagesleistung der Maschine beträgt bei Gespannzug etwa sieben Morgen (zu ein viertel Hektar) bei 50 Zentimeter Reihenentfernung.

Die vorliegende Beschreibung der beiden Erntemaschinen ist einem Merkblatt entnommen, das gelegentlich der „Reichsvorführung von Rübenerntemaschinen", veranstaltet vom Reichsministerium für Ernährung und Landwirtschaft im Jahre 1927, herausgegeben wurde.

3. Vierreihige Rübenerntemaschine. Die Herstellung und der Vertrieb dieser Siederslebener Maschine wurde der Firma R. Wolf in Magdeburg übertragen, die sie mit weiteren Verbesserungen versehen hat. Nach Roemer[1]) besorgt die Maschine das Köpfen mittelst rotierender Messer sehr gut und legt das Rübenkraut in einer schmalen Reihe ab. Die Rodevorrichtung besteht aus zwei Doppelscharen („Stiefelknechtscharen"), die den Boden in 15 bis 18 Zentimeter Tiefe durchziehen und die Rübe anheben. Die gehobenen Rüben werden von Sternwalzen weitertransportiert und gereinigt und ebenfalls in einer Reihe abgelegt. Kraftbedarf 100 Pferdekräfte. Seil-

Abb. 30. Zweireihige Rübenrodemaschine der Fa. W. Siedersleben & Co., Bernburg

zug oder Schlepper von 55 Pferdekräften an. Leistung 5 bis 7¹/₂ Hektar täglich. Nebst der Bedienungsmannschaft für den Dampfpflug oder Traktor wird für die Rübenerntemaschine nur ein Steuermann benötigt. Die Maschine soll selbst in harten, trockenen Böden recht gut arbeiten. Bei der Verwendung dieser Wolfschen Rübenerntemaschine ist jede vierte Rübenreihe etwas weiter zu drillen.

4. Eine einreihige Rübenerntemaschine „Original Walter" von Walter & Kuffer, Schweinfurt, Bayern, wurde auch gelegentlich der Reichsvorführung von Rübenerntemaschinen erprobt und wie folgt beschrieben: Die Maschine köpft und rodet in einem Arbeitsgang, klopft die Erde ab und legt Rübenkraut und Rüben in getrennten Reihen ab. Als Zugkraft werden vier Pferde oder ein

---

[1]) Th. Roemer: „Handbuch des Zuckerrübenbaues", a. a. O. S. 252.

leichter Schlepper benötigt. Zur Bedienung ist ein Steuermann und ein Gespannführer, bzw. Traktorführer erforderlich. Die Blätter werden von Frauen zur Seite und gleichzeitig auf Haufen gebracht. Um diese Arbeit zu leisten und gleichzeitig die Rüben auf kleine Haufen zu sammeln, werden sechs bis acht Frauen benötigt. Leistung der Maschine bei 50 Zentimeter Reihenentfernung und Pferdebespannung etwa einen Hektar am Tag. Diese Maschine eignet sich somit vor allem für mittlere und kleine Betriebe.

5. Walter & Kuffer in Schweinfurt a. M. hat auch eine kleine Köpfmaschine „Liliput" und eine kleine Rodemaschine „Piccolo" im letzten Jahr herausgebracht und beschreibt diese beiden Maschinen in seinem Prospekt wie folgt:

Abb. 31. Siederslebner Rübenköpf- und Rübenrodemaschine mit W.-D.-Schlepper der „Hanomag"

„Walter"-Köpfmaschine „Liliput" ist eine einreihige Köpfmaschine mit äußerst geringem Zugkraftbedarf. Es genügt zur Anspannung eine starke Kuh, ein Ochs oder ein Pferd. Das Zugtier läuft nicht wie bisher in den Rübenreihen, sondern außerhalb der zu köpfenden Reihe. Bedienung eine Hilfskraft (Abbildung 32).

„Walter"-Rodemaschine „Piccolo" rodet eine Reihe und legt die Rüben nach hinten ab. Die Maschine verursacht bedeutend weniger Wurzelbrüche, als dies beim Handroden der Fall ist und zeichnet sich durch sehr geringen Kraftbedarf (je nach Bodenart zwei bis drei Zugtiere) aus. Bedienung ein Mann (Abbildung 33). Ein abschließendes Urteil über die Brauchbarkeit dieser neuen kleinen Rübenerntemaschinen wird sich erst fällen lassen, sobald sie unter den verschiedenartigsten Verhältnissen gründlichst erprobt wurden.

Die Firma Červinka in Prag erzeugt auch eine Rübenerntemaschine, die in getrennten Arbeitsgängen eine Reihe Rübe köpft und hebt. Auch existieren in Amerika und Frankreich Rübenerntemaschinen anderer Konstruktionen.

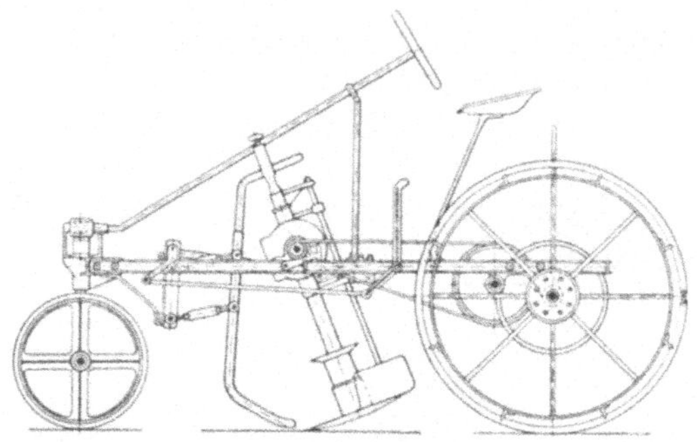

Abb. 32. Köpfmaschine „Liliput“ der Fa. Walter & Kuffer, Schweinfurt

Jedenfalls hat die Mechanisierung der Rübenernte in den letzten Jahren außerordentliche und sehr beachtenswerte Fortschritte gemacht. Weisen die Maschinen derzeit auch noch manche Mängel auf, so verdienen diese Bestrebungen doch die weitgehendste Beachtung. In zahlreichen zuckerrübenbauenden Betrieben wird es doch von Jahr

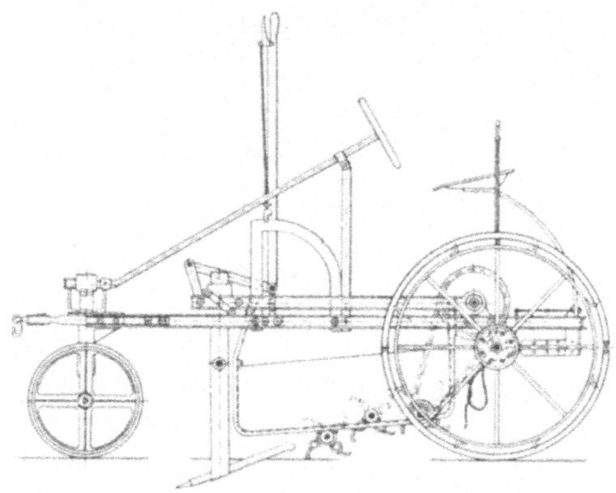

Abb. 33. Rodemaschine „Piccolo“ der Fa. Walter & Kuffer, Schweinfurt

zu Jahr schwieriger, die nötigen Arbeitskräfte für die Rodung der Rübe sicherzustellen und ist die weitgehendere Verwendung der Rübenerntemaschine anscheinend nur noch eine Frage der Zeit.

3. Neue Rübenernteverfahren

Unter den neuen Rübenernteverfahren verdient das vielbesprochene Verfahren der Versuchsanstalt für Landarbeitsforschung

in P o m m r i t z Beachtung. Die Rübe wird vor der Rodung mit einer
Köpfschippe (Abbildung 34) geköpft. Die zu dem gleichen Zweck verwendete Köpfhacke hat sich nicht bewährt. Man kann zum Köpfen
auch eine Köpfmaschine verwenden. Dann werden die Rüben mit dem
Pommritzer Rodepflug gerodet. Der Pflug bzw. Rodekörper, der an
einem Sackschen Grindel angebracht werden kann, wird von Rud.
Sack, Leipzig-Plagwitz, hergestellt. Zum Reinigen der Rüben dient eine

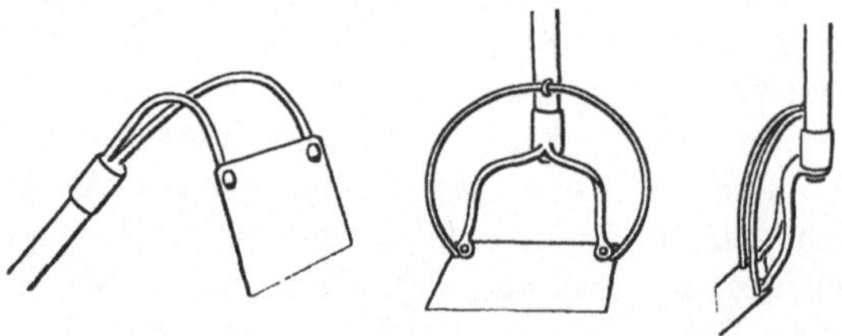

Abb. 34. Handköpfgeräte (Köpfhacke und Köpfschippe von vorne und seitwärts gesehen)

Rübenerntespezialegge, die an den Rodepflug angehängt wird. Auf
leichteren Böden kann an Stelle derselben auch eine gewöhnliche
starre Egge verwendet werden.

Die Angaben, die gelegentlich der „Reichsvorführung von Rübenerntemaschinen" bezüglich des Kraftbedarfes und der Leistung dieses
Rübenernteverfahrens gemacht wurden, sind folgende: Zugkraftbedarf

Abb. 35. Pommritzer Rübenrodepflug

des Pfluges mit angehängter schmaler Egge zwei Pferde. Zur Bedienung sind notwendig: ein Pflugführer und eventuell eine Person zum
Führen der Pferde. Zum Köpfen der Rübe, sowie um Kraut und Rübe
auf kleine Haufen zu bringen, sind etwa zehn Frauen nötig. Die
Tagesleistung beträgt bei einer Reihenweite von 50 Zentimeter annähernd 0·75 bis 1·00 Hektar.

R e m y[1] bestätigt das günstige Urteil D e r l i t z k i s[2] über
dieses Verfahren, stellt jedoch fest, daß auf mittelschweren Böden die

---

[1] R e m y: „Zur Lage des Zuckerrübenbaues".
[2] D e r l i t z k i: „Bericht über Landarbeit", Band 1. Stuttgart 1927.

Rübe mittelst Handkraft von der Erde befreit werden mußte und die
Abfuhr der Rübe viel schwieriger war, als auf den mit der Hand gerodeten Feldern.

C. Th. S e d l m a y r[1]) ist der Ansicht, daß dieses Verfahren seine
Berechtigung hat in Betrieben mit kleineren Rübenflächen, wo man
die Rübenernte mit ständigen Leuten erledigen will und die Gespanns-
belastung nicht in die Waage fällt. In solchen Betrieben bedeutet das
Pommritzer Verfahren, bei welchem auch ungeschulte und schwächere
Arbeiter verwendet werden können, nicht nur eine Erleichterung,
sondern auch eine Verbilligung der Rübenausnahme. In großen Zucker-
rübenbetrieben wird jedoch seiner Ansicht nach dieses Rübenrodeverfahren ein Notbehelf bleiben, für Zeiten großen Arbeitermangels,
hat es doch auch den Nachteil, daß es eine genaue Disposition und
sorgfältige Arbeitführung verlangt, wie sie wohl bei Versuchen, nicht
aber in der großen Praxis einwandfrei erzielbar ist.

Ein zweites Rübenernteverfahren, das Verfahren des Oberamt-
manns D o e r i n g, verwendet an Stelle des Rodepfluges eine Kar-
toffelrodemaschine beliebigen Fabrikates mit handlicher Tiefenverstel-
lung, wobei an Stelle des gewöhnlichen Kartoffelschars ein besonderes
Rübenrodeschar angebracht wird. Dieses Rübenrodeschar für die
Schleuderradmaschine System Doering wird hergestellt von der Firma
W. Stoll, Torgau a. d. Elbe und der Maschinenfabrik Wünsche, Herrn-
hut (Sachsen). Die Anstellung der Arbeitskräfte, das Köpfen und
Sammeln von Rübe und Rübenkraut, erfolgt bei diesem Verfahren in
ähnlicher Weise, wie beim Pommritzer Rübenernteverfahren.

IX. Die Nebenprodukte des Zuckerrübenbaues

Die Nebenprodukte des Zuckerrübenbaues wurden bisher nicht
genügend gewürdigt und schenkte man der Verwendung und Verwertung dieser Abfälle nicht die weitgehende Beachtung, die sie verdienen. Nach G. F r ö l i c h übertrifft der Ertrag an Schnitzeln und
Rübenkraut ohne die anfallende Melasse, auf Stärkewerte umge-
rechnet, den Ertrag einer gleichen, mit Rotklee bestandenen Fläche.

Stützen wir uns auf die Zahlen von B r u c k n e r, so ergibt sich
folgendes Bild des Ertrages aus dem Zuckerrübenbau:

I. Hauptprodukt: 46.42 dz. Zucker   RM 464·20
II. Nebenprodukte: 20.57 „ Trockenschnitte RM 136·40
                  198.00 „ Blätter u. Köpfe „   283·10
                    4.95 „ Melasse   „   23·80 RM 443·30

---

[1]) C. Th. S e d l m a y r: „Das Pommritzer Rübenrodeverfahren", Sonder-
abdruck aus der Wiener Landw. Zeitung Nr. 1, 1928.

Ob man diese Zahlen betrachtet oder eine ähnliche Aufstellung auf Grund der im eigenen Betrieb gesammelten Erfahrungen anfertigt, stets wird man über den hohen Wert überrascht sein, der den Nebenprodukten des Zuckerrübenbaues, gemessen an dem Werte des Hauptproduktes, zuerkannt werden muß. Dieser Wert wird heute noch lange nicht voll ausgenützt. Große Massen wertvollen Futters gehen noch immer verloren. Jedwede Bestrebung, diese Futtermassen einer zweckentsprechenden Verwertung zuzuführen und die dieser Verwertung noch entgegenstehenden Schwierigkeiten zu beseitigen, verdient daher die weitgehendste Beachtung aller Zuckerrübe bauenden Landwirte, wie auch der Zuckerfabriken.

1. Die Rübenschnitte

Die frischen abgepreßten Diffusionsschnitte sind ernährungsphysiologisch ein einseitiges Futtermittel mit sehr geringem Eiweißgehalt (0·6 Prozent verdauliches Eiweiß), ohne Mineralstoffe und Vitamine. Sie besitzen jedoch einen relativ hohen Stärkewert von etwa 10·5 Prozent, daher man ihren Wert als Futtermittel nicht unterschätzen darf. Da die Schnitte einen sehr hohen Wassergehalt von etwa 85 Prozent haben, so zieht ihr Transport auf weite Strecken hohe Frachtkosten nach sich. Es darf jedoch nicht übersehen werden, daß eben hiedurch dem Landwirt in günstigen Lagen ein Massenfutter zur Verfügung steht, in welchem ihm die Stärkewerteinheit sehr billig zu stehen kommt.

Die Diffusionsschnitte werden durch die Verfütterung in frischem Zustand (grüne Schnitte) und in mäßig bemessenen Gaben am besten verwertet. Bei den großen Mengen an Schnitte, die den Zuckerrübenwirtschaften zurückgeliefert werden, kann jedoch nur ein Teil der Schnitte frisch verfüttert werden. Ein um so kleinerer Teil, je weitgehender das Rübenblatt zur gleichen Zeit zur Verfütterung herangezogen wird. Der Rest der Diffusionsschnitte muß eingesäuert oder getrocknet werden.

Die Konservierung der Schnitzel im Wege der Einsäuerung bietet keine Schwierigkeit, muß jedoch mit größter Sorgfalt vorgenommen werden, um die hiermit verbundenen sehr großen Verluste zu vermeiden. In Zement gemauerten, luftdichten Silos, in welche die Schnitzel möglichst fest gelagert und mit einer starken Erdschichte bedeckt werden, lassen sich die Verluste stark herabdrücken. Das Impfen der einzumietenden Schnitzel mit Milchsäurebakterien, zu dem Zweck, um die erwünschte Milchsäuregärung einzuleiten und ihren Verlauf zu beschleunigen, ergab in der großen Praxis bisher nicht den erwarteten Erfolg.

Sehr beachtenswerte Vorteile bietet die künstliche Trocknung der Diffusionsschnitte. Man gewinnt in den erzeugten Trockenschnitzel ein wertvolles Futtermittel von unbegrenzter Haltbarkeit, das in heißem Wasser, Schlempe oder verdünnter Melasse aufgequellt, von den Tieren sehr gerne genommen wird. Die Trockenschnitzel enthalten neben etwa 12 Prozent Wasser annähernd 3·6 Prozent verdauliches Eiweiß bei einem Stärkewert von 52·0 Prozent.

Ob es sich besser lohnt, die Schnitte frisch zu verfüttern, einzusäuern oder zu trocknen, bzw in Form der erheblich teureren Trockenschnitte zu beziehen, läßt sich nur von Fall zu Fall entscheiden. Mitbestimmend bei der Beantwortung dieser Frage sind vor allem die Menge an Schnitte, die dem Betrieb zur Verfügung stehen, die Frachtkosten, mit welchen zu rechnen ist, der Preis der Trockenschnitzel, gemessen an dem Preis der grünen Schnitte und die Menge des im frischen Zustand zur Verfütterung gelangenden Rübenkrautes.

Nicht selten wird sich der Vorgang als zweckentsprechend erweisen, daß man bei Beginn der Zuckerrübenernte mit der Verfütterung des Rübenblattes beginnt und so lange als möglich diese Frischblattfütterung fortsetzt. Wo Rübenkraut in inniger Vermengung mit Diffusionsschnitzel eingesäuert wurden, wird dann zur Fütterung dieses Sauerfutters übergegangen. Sind auch diese Futtervorräte aufgebraucht, so werden die Trockenschnitte zur Fütterung herangezogen. In manchen Betrieben werden nicht nur die Trockenschnitte, sondern auch die in Gruben eingelagerten Sauerschnitte als Futterreserve angesehen und in diesem Sinne in die Fütterung miteinbezogen.

Bei dem wenig verbreiteten Verfahren von Steffen gewinnt man durch beschränktes Auslangen der Rübenschnitte die sogenannten „Zuckerschnitzel", die einen höheren Zuckergehalt besitzen und meist getrocknet verfüttert werden.

Bei der Verfütterung jeder Art von Schnitte muß für die Beifütterung von Futtermittel gesorgt werden, die genügende Mengen an Eiweiß und Vitaminen enthalten. Da die Schnitzel auch arm an knochenbildenden Mineralstoffen sind, darf auch auf eine entsprechende Beigabe von Kalk und Phosphorsäure nicht vergessen werden.

2. Das Zuckerrübenkraut

Den Rübenblättern mit den anhaftenden Köpfen der Zuckerrübe, das heißt dem Zuckerrübenkraut, wurde bis vor kurzer Zeit nicht die Beachtung geschenkt, die diese so großen und wertvollen Futtermassen verdienen. Diese Erscheinung ist in erster Reihe auf die bekannte Tatsache zurückzuführen, daß eine starke Rübenblattfütterung oft recht unerwünschte Begleiterscheinungen mit sich bringt. Die Einsäuerung des Rübenkrautes war auch mit Schwierigkeiten verbunden und ergab selbst bei größter Sorgfalt nicht selten Mißerfolge. Als man schließlich die Kosten nicht scheute, die mit der Konservierung des Rübenkrautes im Wege der Rübenblattrocknung verbunden sind, brachte uns das erzeugte Trockenblatt und die hiermit vorgenommene Fütterung eine neue Enttäuschung.

Die Erkenntnis, daß das frische Rübenkraut nach seinem Nährstoffgehalt und Stärkewert einen Wert besitzt, der den besten Grünfutterarten gleichkommt, führte zu einem gründlicheren Studium der

Abb. 36. Rübenblattwäsche der Alexanderwerke, A. von der Nahmer A. G., Remscheid

Rübenblattverwertung und wurden auf diesem Gebiete in den letzten Jahren auch ganz ausschlaggebende Fortschritte erzielt[1]).

Vor allem hat man festgestellt, daß ein t a d e l l o s g e r e i n i g t e s Rübenblatt bei der Verfütterung in frischem Zustand nicht die unerwünschten und bedenklichen Nebenerscheinungen zeitigt. Es ist der Schmutz und Sand und die Unmasse von Fäulnisbakterien, nicht aber das Rübenblatt selbst oder die im Rübenblatt enthaltene Oxalsäure, die den Durchfall, Verdauungsstörungen usw. zeitigen. Es liegen zum Nachweis dieser Tatsache sehr instruktive Fütterungsversuche vor, so zum Beispiel von Frölich[1]), Halle a. d. S., auf dem Versuchsgute in Lettin. Bei diesem vierwöchentlichen Versuch mit Kühen, hat das Waschen des Blattes ein Plus in der Gewichtszunahme von 13·2 Kilo-

<hr>

[1]) C. Th. S e d l m a y r: „Bessere Verwertung des Zuckerrübenkrautes", Fortschritte der Landwirtschaft, Heft 6. 1928.

[2]) G. F r ö h l i c h: „Über die Verwendung der Rübenblattwäsche in Verbindung mit Alleszerkleinerer", Wochenschrift für die Prov. Sachsen und Anhalt, Heft 36. 1926.

gramm je Kuh und eine Mehrleistung von 1·4 Kilogramm Milch je Kuh und Tag, gegenüber der Verfütterung ungewaschenen Rübenkrautes ergeben. Man schafft somit durch die Rübenkrautwäsche die Möglichkeit einer gefahrlosen und weitestgehenden Verfütterung und einer wesentlich wirtschaftlicheren Auswertung des Rübenkrautes bei der Frischverfütterung. Die Verwertung wird noch erhöht, wenn man das gewaschene Rübenblatt zerkleinert. Das Futter wird dann von den Tieren nicht verstreut, sondern restlos aufgenommen und voraussichtlich auch besser verdaut. Man kann größere Mengen ohne Bedenken selbst an trächtige Kühe und an Jungvieh verfüttern.

Die weitgehende Z e r k l e i n e r u n g des gewaschenen Rübenkrautes ist insbesondere für die Ensilierung des Rübenkrautes von sehr großem Vorteil. Bei der alten Methode der Ensilierung war es kaum möglich, das sperrige Rübenkraut genügend fest einzutreten. Es blieb viel Raum und Luft zwischen den Blättern und Köpfen, wodurch sich das Kraut stark erhitzte. Ein unerwünschter Gärungsverlauf, Fäulnis und Schimmelbildung, verbunden mit großen Verlusten an Masse und noch größeren Einbußen an verdaulichen Nährstoffen, waren die Folgeerscheinungen. Bei der Ensilierung gewaschenen und zerkleinerten Rübenkrautes in Betongruben oder Silos verläuft die Gärung langsam und kalt, die Bildung von Buttersäure unterbleibt, die Verluste sind verhältnismäßig gering. Das Futter sackt weniger zusammen, die Silos werden besser ausgenützt.

Auch bei der T r o c k n u n g d e s R ü b e n k r a u t e s ist das Waschen und Zerkleinern des Blattes eine unerläßliche Vorbedingung, für die Erzielung eines hochwertigen Trockengutes. Man erhält auf diese Weise ein staubfreies, unbegrenzt haltbares, aromatisches Futter, das von allen Tieren gerne aufgenommen wird. Ein derart einwandfrei hergestelltes Trockenblatt enthält annähernd 7·75 Prozent verdauliches Eiweiß und 46 Stärkewerte bei einem Wassergehalt von 8·8 Prozent und nur ein Prozent Sand und verhält sich in seinem Stärkewert, gemessen am Wert des Hafers, wie 80 : 100. — Gleichzeitig erleichtert das Zerkleinern des Rübenkrautes ein gleichmäßiges Trocknen der Blätter und Köpfe und erhöht die Brennstoffökonomie der Trockenanlage.

Mit den älteren bekannten Waschmaschinen war eine gründliche Reinigung des Rübenkrautes kaum zu erzielen. Die Zerkleinerung des Rübenkrautes mit der Häckselmaschine oder Reißwölfen war auch nicht befriedigend. Es ist somit als ein wesentlicher Fortschritt zu verzeichnen, daß von den Alexanderwerken in Remscheid wirklich brauchbare Wasch- und Zerkleinerungsmaschinen konstruiert wurden, die auch den weitgehendsten Anforderungen in jeder Hinsicht genügen. In der W a s c h m a s c h i n e der Alexanderwerke, Abbildung 36, wird das Rübenkraut in dauernd fließendem Wasser gewaschen und von Ruderfahnen bewegt, so daß jedwedes Zusammenballen der Blätter vermieden wird. Steine werden restlos entfernt. Der „A l l e s z e r - k l e i n e r e r" der Alexanderwerke, Abbildung 37, arbeitet nach dem bekannten Prinzip der Fleischhackmaschine. Mittelst auswechselbarer Lochscheiben läßt sich der Grad der Zerkleinerung verändern. Das anhaftende Waschwasser wird automatisch vollkommen abgepreßt. Beide Maschinen sind sorgfältigst durchkonstruiert. Leider erfordert die Aufstellung einer derartigen Anlage einen sehr bedeutenden Kapitalsaufwand.

Es wäre erwünscht, wenn die Zuckerfabriken über derartige Anlagen verfügen und das Trocknen des Rübenkrautes für die nahegelegenen Betriebe gegen einen angemessenen Lohn übernehmen würden, wie auch an eine genossenschaftliche Errichtung derartiger An-

Abb. 37. Alleszerkleinerer der Alexanderwerke A. von der Nahmer A. G., Remscheid.

lagen gedacht werden kann. Das rechtzeitige Heranbringen des Rübenkrautes wird hierbei wohl stets Schwierigkeiten bereiten, doch lohnt es sich, diese Schwierigkeiten mit in Kauf zu nehmen.

Wo man an die Errichtung oder Benützung dieser modernen und teueren Behelfe der Rübenblattkonservierung nicht denken kann, wird man mit billigeren Mitteln versuchen, die Fortschritte auf diesem Gebiete möglichst auszuwerten. Vor allem wird man danach trachten, das Rübenkraut restlos in möglichst reinem Zustand zu gewinnen. Eine weit weniger wirksame, immerhin aber vorteilhafte Zerkleinerung kann mit jeder Häckselmaschine vorgenommen werden, wodurch sowohl die Verfütterung wie das Ensilieren erleichtert wird. Wo bessere Behelfe für das Einsäuern des Rübenblattes fehlen, kann ein Vermischen des Rübenkrautes mit frischen Diffusionsschnitten das feste Eintreten der Masse wesentlich erleichtern. Die Einsäuerung wird in Betongruben, schlimmstenfalls in Lehmgruben vorzunehmen sein, nicht aber in oberirdisch angelegten Haufen, da bei denselben ein genügend wirksamer Luftabschluß nicht erzielt werden kann. Am Grund der Silo oder Gruben darf kein Abzug für das Wasser vorhanden sein, da durch das abfließene Wasser eine unliebsame Durchlüftung der ganzen Masse verursacht wird.

Stehen im Großbetrieb der einwandfreien Gewinnung und Verfütterung des Rübenkrautes auch noch manche betriebstechnische Schwierigkeiten entgegen, so werden sich im Verlaufe der Zeit auch diese beseitigen lassen, sobald der hohe Wert eines reinen, einwandfrei konservierten Rübenblattes allgemein anerkannt ist. Der kleinbäuerliche Betrieb kann bei den geringen Mengen, die er täglich zur Verfütterung bringt, auch schon heute mit den primitivsten Mitteln sein Rübenkraut vor der Verfütterung waschen und hiermit ein wert-

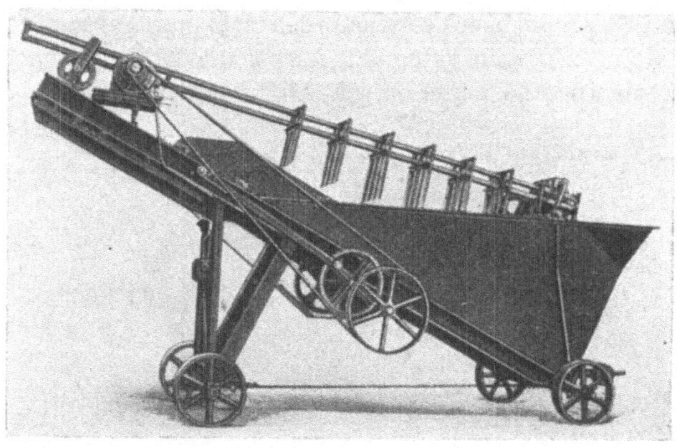

Abb. 38. Fahrbare Rübenblattwäsche mit Presse und Schneidevorrichtung der Fa. A. W. Mackensen, Magdeburg.

volles bekömmliches Futter schaffen, mit welchem er die Grünfütterung bis in den Winter fortsetzen kann.

Jedenfalls verdient die große Masse des Rübenkrautes die weitgehendste Beachtung der Zuckerrübe bauenden Landwirte.

3. Die Melasse

Die Melasse enthält neben 20 Prozent Wasser annähernd 50 Prozent Zucker, kein verdauliches Eiweiß, ist sehr reich an Kali, jedoch arm an Kalk und nahezu frei von Phosphorsäure. Der Stärkewert beträgt etwa 48 Prozent.

Die Melasse ist ein sehr bekömmliches Futter, steigert auch die Arbeitsleistung der Tiere und hat sich insbesondere auch bei der Verfütterung an Pferden gut bewährt, da sie die gefürchteten Kolikanfälle fast ganz verhindert oder ihren Verlauf doch stark mildert. Melasse steigert die Freßlust der Tiere und wird auch an Mastochsen und Kühe mit Vorteil verfüttert. Vorsicht ist bei dem Übergang zur Verfütterung grüner Melasse geboten, der nicht zu rasch erfolgen soll. An hochtragende und an sehr junge Tiere soll Melasse nicht verfüttert werden.

Zur Fütterung wird die mit heißem Wasser verdünnte Melasse knapp vor dem Einfüttern auf das gehäckselte Futter aufgebracht und innig vermengt. Melasse als Tränke zu geben, ist nicht von Vorteil.

Die Schwierigkeiten, die mit der Verfütterung der zähflüssigen Melasse verbunden sind, führten zur Herstellung von M e l a s s e - m i s c h f u t t e r , die sich der Landwirt in größeren Betrieben aus grüner Melasse und Strohhäcksel, Spreu, Kleie, Malzkeime usw. selbst herstellen kann. Man kann sich da, wo es sich um größere Mengen von Melasse handelt, zu diesem Zweck auch einer Melassemisch- maschine bedienen. Die Verteilung und Fütterung von Melasse wird durch die Verwendung derartiger Melassemischfutter wesentlich er- leichtert.

Zur Herstellung der i m H a n d e l b e f i n d l i c h e n M e - l a s s e m i s c h f u t t e r werden die verschiedenartigsten und oft voll- kommen wertlosen Melasseträger verwendet. Beim Einkauf ist daher Vorsicht geboten. Man kaufe nur Melassemischfutter, das neben der Melasse n u r e i n e n in seinem Futterwert bekannten Melasseträger enthält und lasse sich den Anteil an Melasse, den Wassergehalt und die Menge und Qualität des beigemischten Melasseträgers garantieren. Schon zwei Melasseträger erschweren ungemein die Beurteilung des Wertes des Melassemischfutters. Als Handelsmelassefutter kommen in Betracht: Melasse-Trockenschnitzel, Weizenkleiemelasse, Malzkeime- melasse, Biertrebermelasse, Heumelasse, Strohmelasse, Torfmelasse und andere einfach zusammengesetzte Melassemischfutter. Oft wer- den ganz wertlose, selbst verdorbene oder aus anderen Ursachen un- verkäufliche Stoffe als Aufsaugematerial benützt und das erzeugte Mischfutter mit Bezeichnungen in den Handel gebracht („Melasse- futter", „Kraftmelasse" usw.), die uns nichts sagen oder selbst irre- führend sind. Jedes Anbot derartiger Futtermittel ist unbedingt ab- zulehnen.

Besondere Beachtung verdienen die M e l a s s e - T r o c k e n - s c h n i t z e l , da sie unbegrenzt haltbar sind. Sie werden in den Zuckerfabriken hergestellt und haben je nach dem Verfahren der Her- stellung einen wechselnden Gehalt an Melasse.

4. Scheideschlamm

Der Scheideschlamm (Saturationsschlamm) hat je nach der Fa- brik, aus welcher er stammt, und dem Grad seiner Trockenheit eine wechselnde Zusammensetzung. Sein Gehalt an wertbestimmenden Be- standteilen ist annähernd folgender:

Wasser	40 — 50 %
Kalk	20 — 30 %
Phosphorsäure	0·5 — 1·5 %
Stickstoff	0·1 — 0·5 %
Kali	0·1 — 0·3 %

Daneben enthält der Scheideschlamm noch recht beträchtliche Mengen organische Substanzen. Der Kalk ist meist (zu etwa 90 Prozent) kohlensaurer Kalk, doch ist im frischen Scheideschlamm auch Ätzkalk enthalten und Kalk in anderen Verbindungen, so als phosphorsaurer Kalk, als schwefelsaurer Kalk usw.

Der hohe Wassergehalt des Scheideschlammes erschwert seine Verfrachtung und beeinträchtigt seine Streufähigkeit, wodurch der Wert dieses Kalkdüngemittels wesentlich herabgesetzt wird. Man wird daher danach streben, den Saturationsschlamm vorerst in Haufen lufttrocken zu bekommen, ehe man ihn auf größere Entfernungen verfrachtet oder ausstreut.

Anderseits zeitigt der Scheideschlamm bisweilen viel günstigere Resultate, als andere Kalkdüngemittel mit dem gleichen Kalkgehalt, eine Erscheinung, die man auf seine Nebenbestandteile zurückführen kann. Für Landwirtschaftsbetriebe, die ihren Böden Kalk zuführen müssen und nicht in zu großer Entfernung von der Zuckerfabrik liegen, ist der Scheideschlamm jedenfalls ein sehr beachtenswertes Kalkdüngemittel.

Literaturverzeichnis

A p p e l, O.: Taschenatlas der Krankheiten der Zuckerrübe, Berlin: P. Parey. 1926.

A r r h e n i u s, O.: Kalkfrage, Bodenreaktion und Pflanzenwachstum, Leipzig: Akademische Verlagsgesellschaft. 1926.

B r i e m, H.: Der praktische Rübenbau, Wien: W. Frick. 1895.

D e r l i t z k i: Berichte über Landarbeit, Bd. 1, Suttgart. 1927.

F e i c h t i n g e r, E.: Soll die Zuckerrübe früh angebaut werden? Wiener Landw. Zeitung, Nr. 13. 1928.

F r ö l i c h, G.: Über die Verwendung der Rübenblattwäsche in Verbindung mit Alleszerkleinerer. Wochenschrift für die Provinz Sachsen und Anhalt, H. 36. 1926.

H a t v a n i b à r o: A czukorrépa cercospora betegsége elleni védekezés. Köztelek, 40 szám. 1927.

H e u s e r, O.: Grundzüge der praktischen Bodenbearbeitung, Berlin: P. Parey. 1928.

H e m p r i c h, M.: Die Nebenprodukte des Zuckerrübenbaues und ihre rationelle Verwertung, Berlin: P. Parey. 1928.

K i e h l, A. F.: Ertragreicher Zuckerrübenbau, 2. Aufl. Berlin: P. Parey. 1921.

K n a u e r - H o l d e f l e i ß: Rübenbau, 12. Aufl. Berlin: P. Parey. 1923.

K u f f n e r, R.: Grundprinzipien der Wirtschaftsweise der Dioszeger Ökonomie, Zucker- und Spiritusfabriks A.-G. (Nicht im Buchhandel.)

L ü d e r s, W.: Zweckmäßige Arbeitsorganisation in der Zuckerrübenwirtschaft. Illustrierte landwirtschaftliche Zeitung, Nr. 7. 1928.

M i t s c h e r l i c h, E. A.: Die Bestimmung des Düngerbedürfnisses des Bodens, 2. neubearb. Aufl. Berlin: P. Parey. 1925.

N e u b a u e r, H. und S c h n e i d e r, W.: Die Nährstoffaufnahme der Keimpflanzen und ihre Anwendung auf die Bestimmung des Nährstoffgehaltes der Böden. Zeitschr. f. Pflanzenernährung und Düngung, Abt. A, 2. Jg., S. 329—362. 1923.

R e m y, Th: Zur Lage des Zuckerrübenbaues, Berlin: P. Parey. 1925.

R o e m e r, Th.: Handbuch des Zuckerrübenbaues, Berlin: P. Parey. 1927.

— —: 50 *dz* Rohrzucker statt 40 *dz* pro Hektar. Zuckerrübenbau. 1927.

R ü m k e r, v.: Tagesfragen aus dem modernen Ackerbau, Berlin: P. Parey.

S c h n e i d e w i n d, W.: Die Ernährung der landwirtschaftlichen Kulturpflanzen, Berlin: P. Parey. 1928.

S e d l m a y r, C. Th.: Das Pommritzer Rübenrodeverfahren. Wiener Landw. Zeitung, Nr. 1. 1928.

— —: Bessere Verwertung des Zuckerrübenkrautes. Fortschritte der Landwirtschaft, H. 6. 1928.

S e d l m a y r, E. C.: Fruchtfolgen und die Aufstellung des Fruchtfolgeplanes, Berlin: P. Parey. 1927.

— —: Die Bearbeitung des Bodens zur Zuckerrübe. Wiener Landw. Zeitung, Nr. 19/20. 1924.

— —: Landwirtschaftsbetriebe mit Zuckerrübenbau in Österreich - Ungarn. Mitteilungen der Landwirtschaftlichen Lehrkanzeln für Bodenkultur in Wien, Bd. 2, 2. u. 3. Heft, Wien. 1913.

— —: Der Einfluß des Stoppelsturzes auf den Rübenertrag. Wiener Landw. Zeitung, S. 111. 1902.

— —: Das Behäufeln der Rübe. Österreichisches Landwirtschaftliches Wochenblatt. 1902.

S e e b a s s, E. A.: Geräte und Arbeitsstudien beim Zuckerrübenbau, Heft 3 der Bücherei für Landarbeitslehre. Berlin: P. Parey. 1927.

S t i f t, A.: Die Krankheiten der Zuckerrübe, Wien. 1900.

Geschichte der Rübe (Beta) als Kulturpflanze

von den ältesten Zeiten an bis zum Erscheinen von Achard's Hauptwerk (1809). Festschrift zum 75jährigen Bestande des Vereines der deutschen Zuckerindustie

Von

Professor Dr. **Edmund O. v. Lippmann,** Dr.-Ing. e. h.

der Techn-schen Hochschule zu Dresden,

Direktor der „Zuckerraffinerie Halle" in Halle a. S.

Mit einer Abbildung. IV, 184 Seiten. 1925.

Gebunden RM 12.—

Hier ist ein grundlegendes Werk von bleibendem Wert geschaffen, das umfassende Quellenstudien als Grundlage hat und bis in graue Vorzeit zurück nach allem sucht, was mit Beta zusammenhängt. Aber nicht nur zeitlich, auch räumlich werden Geschichte und Vorkommen der Rübe aufs gewissenhafteste durchforscht und so erhalten wir Nachricht aus dem älteren Griechenland, dem älteren Italien, der römischen Kaiserzeit, aus Egypten, Nordafrika und dem Orient über das Mittelalter hinweg bis in die neuere Zeit. Immer häufiger werden die Angaben über ihren feldmässigen Anbau besonders in England, Deutschland und Frankreich. Nach der Entdeckung des Zuckers in der Rübe durch Marggraf 4747 und besonders, nachdem Achard vergleichende Anbauversuche mit verschiedenen Rübensorten zur Feststellung des Zuckergehaltes 1786 begonnen hatte, wuchs die wirschaftliche Bedeutung der Pflanze zusehends. Ein bedeutsamer Abschnitt ist der Abstammung und Herkunft der Rübe gewidmet. Die erschöpfende Arbeit verdient weiteste Verbreitung in den Kreisen von Landwirtschaft und Industrie, insbesondere auch bei jenen, die kulturgeschichtlich eingestellt sind.

„Praktische Blätter für Pflanzenbau und Pflanzenschutz"